FORSCHUNGSBERICHTE DES LANDES NORDRHEIN-WESTFALEN

Nr. 1819

Herausgegeben im Auftrage des Ministerpräsidenten Heinz Kühn
von Staatssekretär Professor Dr. h. c. Dr. E. h. Leo Brandt

Prof. Dr. phil. Adolf Rose
Dr.-Ing. Leo Rademacher

Max-Planck-Institut für Eisenforschung Düsseldorf

Umwandlungen in warmfesten Stählen, Versuch einer Gleichgewichtsdarstellung der Karbidphasen

SPRINGER FACHMEDIEN WIESBADEN GMBH

Verlags-Nr. 011819

ISBN 978-3-663-06447-3 ISBN 978-3-663-07360-4 (eBook)
DOI 10.1007/978-3-663-07360-4

Ursprünglich erschienen bei Westdeutscher Verlag, Köln und Opladen 1967.

Inhalt

1. Einleitung

Warmfeste Stähle werden als Werkzeugstähle, sogenannte Warmarbeitsstähle, für die Warmformgebung und als Baustähle für den Kesselbau und andere Verwendungsgebiete mit thermischen Beanspruchungen benötigt. Zur Erzielung der erforderlichen Warmfestigkeitseigenschaften und Anlaßbeständigkeit werden den Stählen hauptsächlich Chrom, Molybdän, Wolfram und Vanadin zulegiert. Von wesentlichem Einfluß ist auch der Kohlenstoff. Die Höhe der Gehalte an diesen Elementen und ihr Mengenverhältnis werden auf die zu erwartenden Beanspruchungen abgestimmt. Die im allgemeinen übereutektoidischen Warmarbeitsstähle sind legierungs- und kohlenstoffreicher als die untereutektoidischen, warmfesten Baustähle. Die Gebrauchseigenschaften in der Wärme hängen bevorzugt von der Art und Verteilung der auftretenden Sonderkarbide und außerdem von der Zusammensetzung der Grundmasse ab.

Das Umwandlungsverhalten dieser Stähle wird für verschiedene, technisch besonders wichtige Sorten im »Atlas zur Wärmebehandlung der Stähle« [1] beschrieben. Die Wirkung der Legierungszusätze kommt in den Zeit-Temperatur-Umwandlung-Schaubildern vor allem darin zum Ausdruck, daß zwischen der Perlit- und Zwischenstufe ein Bereich erhöhter Austenitbeständigkeit oder ein umwandlungsfreies Gebiet auftritt.

In den Umwandlungsgefügen prägt sich der Legierungseinfluß besonders charakteristisch in der Perlitstufe aus [1, 2]. In diesem Temperaturbereich sind im Gegensatz zu dem der Martensit- und Zwischenstufe die Legierungselemente noch voll diffusionsfähig, so daß sie sich an der Karbidbildung bei der Umwandlung beteiligen und Sonderkarbid-Eutektoide entstehen können. Das Gefüge dieser Eutektoide kann – dem Bildungsvorgang der betreffenden Sonderkarbide entsprechend – sehr unterschiedlich sein, und insbesondere von der lamellaren Phasenanordnung des Perlits abweichen. Es ist zu erwarten, daß der Gleichgewichtszustand über eine Umwandlung in der Perlitstufe schneller erreicht wird als beim Anlassen des Martensits.

Die Kenntnis der Gleichgewichtsphasen und der Reaktionswege zu ihrer Bildung würden einen ordnenden Überblick über die komplex legierten, warmfesten Stähle sehr erleichtern. In der Literatur liegen hierzu bisher im wesentlichen Untersuchungen über die Vorgänge beim Anlassen vor.

2. Literaturübersicht

Die Kenntnisse über den Mechanismus und die Kinetik der Umwandlung des Austenits aus unterkühlten Zuständen wurden durch systematische Untersuchungen sowohl von F. Wever und Mitarbeitern [3–22] als auch von E. S.

Davenport und E. C. Bain [23] begründet und durch Arbeiten von J. M. Robertson und H. C. H. Carpenter [24–26] in den Jahren nach 1930 sehr schnell erweitert. Für diese Untersuchungen erwies sich die isothermische Versuchsführung [11–24], die erstmals von Robertson [24] auf die Umwandlung von Kohlenstoffstählen angewendet wurde, grundsätzlich überlegen gegenüber der Versuchsführung mit kontinuierlicher Abkühlung [3–10].

In der graphischen Beschreibung des Umwandlungsablaufes in Abhängigkeit von der Temperatur hat sich das Zeit-Temperatur-Umwandlung-Schaubild (ZTU-Schaubild) nach dem Vorbild von E. S. Davenport und E. C. Bain [23] wegen seiner einfacheren Auswertbarkeit und unmittelbaren Anwendbarkeit auf technische Wärmebehandlungsvorgänge gegen die von F. Wever und Mitarbeitern [3–10] ursprünglich gewählte Form der Umwandlungsgeschwindigkeit-Temperatur-Schaubilder heute allgemein durchgesetzt.

Bereits in diesen Arbeiten sind die ZTU-Schaubilder durch das Auftreten von zwei Höchstwerten in der Umwandlungsgeschwindigkeit in Verbindung mit einem umwandlungsträgen Bereich bei mittleren Temperaturen und einem anisothermischen Umwandlungsbereich bei tiefen Temperaturen gekennzeichnet. Daraus wird geschlossen, daß für den Austenitzerfall drei temperaturmäßig begrenzte Bereiche bestehen müssen, die sich im Mechanismus und in der Kinetik der Umwandlung grundlegend unterscheiden. Für diese Bereiche haben sich allgemein die Bezeichnungen Perlitstufe, Zwischenstufe oder Bainitstufe und Martensitstufe eingeführt.

In der Folgezeit wurden zahlreiche Untersuchungen zur Aufklärung des Mechanismus und der Kinetik der Umwandlungsvorgänge in den drei Bereichen veröffentlicht. Hier ist vor allem auf die Arbeiten von E. S. Davenport [27], R. F. Mehl und Mitarbeitern [28–30], A. Hultgren und Mitarbeitern [31–33], C. Zener [34], J. C. Fisher [35], E. Houdremont, W. Jellinghaus, W. Koch, O. Krisement und F. Wever [36–41] hinzuweisen, da sie von allgemeiner und grundsätzlicher Bedeutung sind und den jeweiligen Stand der Erkenntnisse zusammenfassen. Als Ursache für das Auftreten der drei Umwandlungsbereiche wird die Temperaturabhängigkeit der Diffusionskonstanten im Zusammenhang mit bestimmten Umwandlungsmechanismen angegeben.

In der *Perlitstufe* sind noch sämtliche Komponenten, sowohl der Kohlenstoff als auch die Grundgitteratome des Eisens und der Legierungselemente diffusionsfähig, allerdings in sehr unterschiedlichem Ausmaß. Die Bildung der Umwandlungsphasen, insbesondere des Ferrits, erfolgt im allgemeinen über eine Diffusionskristallisation.

Im Temperaturbereich der *Zwischenstufe* sind die Atome des Grundgitters bereits sehr unbeweglich, und allein der Kohlenstoff behält noch eine gewisse Diffusionsfähigkeit. Die polymorphe Umwandlung erfolgt durch einen Umklappvorgang, der jedoch durch die Diffusion des Kohlenstoffs gesteuert wird.

In der *Martensitstufe* ist auch die Diffusionsmöglichkeit des Kohlenstoffs im Austenit sehr eingeschränkt. Das flächenzentrierte Gitter des γ-Eisens kann jedoch in diesem Bereich ohne Diffusion in das raumzentrierte Gitter des α-Eisens umklappen.

In der Perlit- und Zwischenstufe nimmt die Keimbildung und das Wachstum der Umwandlungsphasen Zeit in Anspruch, da diese Vorgänge durch Entmischungen im Mutterkristall vorbereitet werden müssen. Aus den ersten, grundlegenden Untersuchungen über den Einfluß der Legierungselemente auf die Umwandlungsgeschwindigkeit in der Perlit- und Zwischenstufe [19, 21, 27, 42–45] geht bereits hervor, daß sie eine unterschiedlich verzögernde Wirkung haben. Kobalt ist das einzige bis heute bekannte Element, das die Keimbildungsgeschwindigkeit in der Perlitstufe erhöht.

Die beobachteten Höchstwerte in der Umwandlungsgeschwindigkeit sind dadurch zu erklären, daß die Instabilität des Austenits mit sinkender Temperatur zunimmt, die Diffusionsfähigkeit der Komponenten dagegen abnimmt. Bei Kohlenstoffstählen fällt der Umwandlungshöchstwert der Perlitstufe mit dem der Zwischenstufe bei etwa 550°C zusammen. Legierungszusätze verschieben den Umwandlungshöchstwert der Perlitstufe zu höheren und den der Zwischenstufe zu tieferen Temperaturen. Demzufolge werden die beiden Umwandlungsgebiete durch einen Bereich erhöhter Austenitbeständigkeit mehr oder weniger deutlich getrennt. Bei Elementen mit hoher Affinität zum *Eisen* ist diese Wirkung nur im Umwandlungsende erkennbar. Bei Elementen mit hoher Affinität zum *Kohlenstoff* tritt sie dagegen auch im Umwandlungsbeginn in Erscheinung. Sonderkarbidbildende Elemente führen bei ausreichenden Gehalten zur vollständigen Trennung der beiden Umwandlungsgebiete.

Die beschriebenen Wirkungen der Legierungselemente auf das Umwandlungsverhalten können nach A. Rose und H. P. Hougardy [46] vor allem mit ihrem Einfluß auf das chemische Potential [47, 48] bzw. die Aktivität des Kohlenstoffs [49] erklärt werden, da hierdurch dessen Diffusionsgeschwindigkeit beeinflußt wird.

Nach diesem kurzen Überblick über die wesentlichen und allgemeingültigen Merkmale der drei Umwandlungsbereiche sollen die im vorliegenden Zusammenhang in erster Linie interessierenden Vorgänge beim Zerfall des Austenits in der Perlitstufe eingehend erörtert werden. Die Reaktionen schließen sich im stetigen Übergang den Umsetzungen des Gleichgewichts an. In den ZTU-Schaubildern ist dieser Zusammenhang dadurch zum Ausdruck gebracht, daß die Linien für den Beginn und das Ende der Umwandlungen in die entsprechenden Gleichgewichtsisothermen asymptotisch einmünden. Diese Darstellung setzt die oben erwähnte Vorstellung voraus, daß in der Perlitstufe sowohl der Kohlenstoff als auch die Grundgitteratome des Eisens und der Legierungselemente im Austenit diffusionsfähig sind, und demzufolge die Bildung der Umwandlungsprodukte über Platzwechselvorgänge aller Komponenten erfolgen kann.

Eine Erörterung der in der Perlitstufe grundsätzlich möglichen Reaktionen kann sich auf das betreffende Zustandsschaubild stützen. Nach dem Eisen-Kohlenstoff-Diagramm, das außer für reine Kohlenstoffstähle in erster Näherung auch noch für niedrig legierte Stähle als maßgebend gelten kann, beginnt der Austenitzerfall im Bereich *untereutektoidischer* Zusammensetzung mit einer *Ferritbildung* und im Bereich *übereutektoidischer* Zusammensetzung mit einer *Zementitausscheidung*. Diese *voreutektoidischen* Teilreaktionen führen bei sinkender Temperatur in beiden Fällen zu einer Veränderung der Kohlenstoffkonzentration des austenitischen Mischkristalls in Richtung auf die *eutektoidische* Zusammensetzung, bei der dieser sowohl an Ferrit als auch an Zementit gesättigt ist. Der eutektoidische Zerfall des doppelt übersättigten Austenits erfolgt bei ausreichender Unterkühlung als gekoppelte Reaktion unter gleichzeitiger Bildung von Ferrit und Zementit in einer sehr kennzeichnenden, lamellaren Anordnung der beiden Reaktionsprodukte [46], die unabhängig von der Breite der Lamellenabstände immer als Perlit bezeichnet wird. Bei weiter sinkender Temperatur findet noch infolge der abnehmenden Löslichkeit des Ferrits für Kohlenstoff eine tertiäre Ausscheidung des Zementits statt.

Über den Bildungsvorgang des Perlits werden verschiedene Auffassungen vertreten [26, 28–33, 50–55]. Neuere Untersuchungen von A. Rose und H. P. Hougardy [46] kommen zu dem Ergebnis, daß alle bisher beschriebenen Bildungsmöglichkeiten nebeneinander vorkommen können. In der Auseinandersetzung um die Frage, ob der voreutektoidische Ferrit oder Zementit die Perlitbildung ankeimt, sind die Verfasser jedoch der Meinung, daß neue Keime entstehen müssen.

Die Reaktionsmöglichkeiten der warmfesten Stähle bei Umwandlung in der Perlitstufe können nicht mehr aus dem *binären* Fe—Fe_3C-Diagramm abgeleitet werden. Diese Stähle enthalten neben Eisen und Kohlenstoff so große Mengen an sonderkarbidbildenden Legierungselementen, daß nicht nur mit einer Verschiebung der Löslichkeitsgrenzen des γ- und α-Mischkristalls zu rechnen ist, sondern auch mit dem Auftreten weiterer Karbidphasen. In diesem Fall muß daher das Modell eines *ternären* Systems mit den Komponenten Eisen, Kohlenstoff und einem Sonderkarbide bildenden Legierungselement herangezogen werden. In Abb. 1 sind in einem schematischen Schnitt durch ein derartiges *ternäres* Zustandsschaubild die Phasenumwandlungen für einen bestimmten Legierungsgehalt in ihrer Abhängigkeit vom Kohlenstoffgehalt und von der Temperatur dargestellt. Der Schnitt erfaßt eine binäre eutektoidische Rinne und eine eutektoidische Vierphasenebene. Der Schnittpunkt mit der eutektoidischen Rinne, in Abb. 1 der tiefste Punkt des homogenen Austenitgebietes beim Kohlenstoffgehalt x, bestimmt die Grenze für die Bereiche unter- und übereutektoidischer Legierungen. Dieser eutektoidische Punkt liegt bei den untersuchten, warmfesten Stählen [1] bei höheren Temperaturen und niedrigeren Kohlenstoffgehalten als im System Eisen–Kohlenstoff.

Der Austenitzerfall in der Perlitstufe beginnt bei den untereutektoidischen Legierungen links vom Kohlenstoffgehalt x in Abb. 1 mit einer Ferritbildung, bei den übereutektoidischen Legierungen rechts vom Kohlenstoffgehalt x mit der Ausscheidung des Karbides K_1. Wenn durch die bei sinkender Temperatur damit verbundenen Konzentrationsverschiebungen im Austenit die eutektoidische Rinne erreicht wird, muß sich daran eine binäre Zerfallsreaktion mit den Phasen α und K_1 anschließen, entsprechend der Perlitbildung bei Kohlenstoffstählen. In legierten Stählen läuft jedoch die Reaktion nicht bei konstanter Temperatur und unveränderter Zusammensetzung der Phasen ab, sondern in einem Temperaturbereich unter entsprechender Veränderung der Zusammensetzung der Phasen. Die Temperaturen für den Beginn und das Ende dieses Vorganges beim Erwärmen werden mit Ac_{1b} und Ac_{1e} bezeichnet. Im Konzentrationsbereich der Vierphasen-

ebene wird die Austenitumwandlung bei Erreichen der betreffenden Temperatur durch die Bildung eines ternären Eutektoids mit den drei Phasen $\alpha + K_1 + K_2$ abgeschlossen. Die Zusammensetzung der Phasen ist durch die Eckpunkte der Ebene gegeben. Bei weiterer Abkühlung findet noch eine tertiäre Ausscheidung der beiden Karbidbestandteile aus dem Ferrit statt.
Bei den warmfesten Stählen muß demnach bei Umwandlung in der Perlitstufe damit gerechnet werden, daß nicht nur *eine* Karbidphase wie bei den Kohlenstoffstählen gebildet wird, sondern daß auch *mehrere* Karbidphasen auftreten können. Je nach dem Legierungs- und Kohlenstoffgehalt des Stahles handelt es sich hierbei um Sonderkarbide mit oder ohne Zementit. Zum Unterschied vom Reaktionsmechanismus der Kohlenstoffstähle ist es auch möglich, daß bei der Temperatur der Vierphasenebene eine peritektoidische Umsetzung abläuft, bei der zwei Phasen gegeneinander ausgetauscht werden.
Es wurde bereits darauf hingewiesen, daß die Reaktionen nur unter *Gleichgewichtsbedingungen* in der beschriebenen Weise ablaufen. Diese Voraussetzung gilt selbstverständlich nicht nur für die Umwandlung selbst, sondern auch für die vorausgehende Austenitisierung, da die Zusammensetzung des umwandlungsfähigen Mischkristalls die beim Zerfall entstehenden Phasen bestimmt. Hierzu haben A. Rose und L. Rademacher [56] in einer Untersuchung über die Karbidauflösung bei der Austenitisierung übereutektoidischer, legierter Stähle nachgewiesen, daß die Voraussetzung der Gleichgewichtseinstellung unter technischen Bedingungen im allgemeinen nicht erfüllt ist.
Die Auswirkung eines *Ungleichgewichtszustandes nach der Austenitisierung* auf die nachfolgende Umwandlung in der Perlitstufe zeigt eine Betrachtung über den Vorgang der Austenitbildung am Beispiel einer übereutektoidischen Legierung mit dem Kohlenstoffgehalt x_2 (Abb. 1). Bei einer Temperatur T liegt die Zusammensetzung der zuerst gebildeten Austenitkristalle wegen der verhältnismäßig langsamen Auflösungsgeschwindigkeit der Karbidbestandteile [56–58] immer nahe der Löslichkeitsfläche für das α-Eisen, d. h. der Kohlenstoff- und Legierungsgehalt sind bedeutend niedriger als im Gleichgewicht. Erst mit der fortschreitenden Auflösung der Karbidteilchen während der Haltezeit auf der Temperatur wird sich der Austenit allmählich an Kohlenstoff und Legierungselementen bis auf die Zusammensetzung x_2 anreichern. Bei diesem Vorgang führen die Unterschiede in der Zusammensetzung der ferritischen Grundmasse und der Karbide zu erheblichen Konzentrationsunterschieden zwischen den entsprechenden Austenitbereichen, da die Auflösung schneller erfolgt als der Diffusionsausgleich [56–58]. Der homogene Gleichgewichtszustand kann demzufolge frühestens nach beendeter Karbidauflösung erreicht werden. Die möglichen Konzentrationsunterschiede im Austenit sind durch die Löslichkeitsflächen für den Ferrit einerseits und die Karbidphasen andererseits zu beschreiben.
Die dargestellten Ungleichgewichtszustände des Austenits müssen sich naturgemäß zunächst auf die *voreutektoidischen Reaktionen* auswirken. In dem gewählten Beispiel ist trotz übereutektoidischer Bruttozusammensetzung mit einer voreutektoidischen Ferritbildung zu rechnen, solange bei kurzen Haltezeiten im austenitischen Mischkristall noch Bereiche mit untereutektoidischer Zusammen-

setzung vorliegen. Mit der Verschiebung der mittleren Zusammensetzung zu höheren Kohlenstoff- und Legierungsgehalten bei zunehmender Haltezeit wird die Ferritbildung immer mehr zugunsten des eutektoidischen Zerfalls zurückgedrängt. Schließlich wird bei Erreichen des übereutektoidischen Bereiches, in Abb. 1 durch die Kohlenstoffgehalte zwischen x und x_2 gekennzeichnet, der Austenitzerfall entsprechend der Stahlzusammensetzung mit einer voreutektoidischen Karbidausscheidung beginnen.

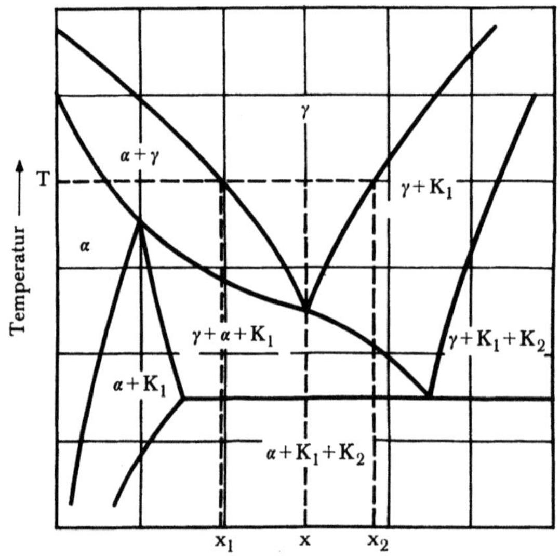

Abb. 1 Schnitt durch das Zustandsschaubild eines Stahles mit einem karbidbildenden Legierungselement (schematisch)

Die Auswirkung auf die *eutektoidischen Reaktionen* besteht nach dem Vorhergehenden ganz allgemein in einer Veränderung des Mengenverhältnisses zu den voreutektoidischen Bestandteilen Ferrit bzw. Karbid. Bei legierten Stählen ist damit grundsätzlich eine Veränderung in der Zusammensetzung der eutektoidischen Phasen verbunden. Darüber hinaus können auch noch weitere eutektoidische Phasengemenge gebildet werden, wenn bei der geschilderten Änderung der Zusammensetzung des austenitischen Mischkristalls die entsprechenden, eutektoidischen Phasenräume durchwandert werden. A. Hultgren hat einen derartigen Fall an einem Stahl mit 0,44% C und 2,9% W nachgewiesen [31].

Die Beeinflussung der nach dem Gleichgewichtsschaubild möglichen Reaktionen durch eine *Unterkühlung des Austenits* wurde für *Kohlenstoffstähle* und *niedrig legierte Stähle* von F. Wever und Mitarbeitern [3, 7] sowie W. Jellinghaus und E. Houdremont [38, 39] in verschiedener Weise sehr anschaulich aus dem Zustandsdiagramm abgeleitet. In der *Perlitstufe* werden die voreutektoidischen Zerfallsvorgänge mit zunehmender Unterkühlung in steigendem Maße unterdrückt. Das bedeutet, daß ein rein eutektoidischer Zerfall des Austenits nicht nur bei einer bestimmten Zusammensetzung, in Abb. 1 mit x gekennzeichnet, stattfinden kann, sondern in einem gewissen Konzentrationsbereich. Dieser Bereich verbreitert sich mit zunehmender Unterkühlung. Aus den ZTU-Schaubildern [1] sind diese Unterkühlungserscheinungen unmittelbar abzulesen. Es ist sofort einzusehen, daß die Unterdrückung der voreutektoidischen Reaktionen eine Verschiebung im Mengenverhältnis der eutektoidischen Phasen mit sich bringt. Wegen der Temperaturabhängigkeit der Löslichkeit des Ferrits für Kohlenstoff muß auch angenommen werden, daß der Kohlenstoffgehalt des Ferrits entsprechend der Bildungstemperatur von der Gleichgewichtszusammensetzung abweicht. Hierzu trägt auch die Unterdrückung der tertiären Zementitausscheidung bei, mit der ebenfalls gerechnet werden muß. Es ist nicht bekannt, ob auch die Zusammensetzung des Zementits durch die Unterkühlung eine merkliche Veränderung erfährt.

Für *legierte Stähle* läßt sich das Unterkühlungsverhalten in der Perlitstufe vor allem aus zwei Gründen nicht unmittelbar aus dem Gleichgewichtsschaubild ableiten. Zunächst kann hier nach den voreutektoidischen Ausscheidungsvorgängen nicht nur *eine* eutektoidische Reaktion wie bei den Kohlenstoffstählen stattfinden, sondern es ist nach einem *binären*, eutektoidischen Zerfall noch die Bildung eines *ternären* Eutektoids oder eine *peritektoidische* Umsetzung möglich. Für diese Fälle ist nicht abzuschätzen, ob und in welchem Umfang der eine Zerfallsvorgang zugunsten des anderen unterdrückt wird. Bei einer peritektoidischen Reaktion kann allerdings als sicher angenommen werden, daß die Umwandlung der Phasen nicht vollständig abläuft.

Außerdem müssen sich beim Zerfall des legierten Austenits nicht nur der *Kohlenstoff* und das *Eisen*, sondern auch die *Legierungselemente* auf die entstehenden Phasen verteilen. Für diesen Vorgang sind das Ausmaß der zur Gleichgewichtseinstellung notwendigen Entmischungen und die Länge der Diffusionswege entscheidend. Darüber hinaus spielen die dabei entstehenden Konzentrationsgradienten der Legierungselemente wegen ihres Einflusses auf die Kohlenstoffdiffusion eine bedeutende Rolle [46, 59].

Durch zahlreiche Untersuchungen [10, 11, 15, 21, 32, 40, 41, 45, 60–69] wird die Erwartung bestätigt, daß die Einschränkung der Diffusionsfähigkeit durch eine Unterkühlung des Austenits zu einer unvollkommenen, d. h. vom Gleichgewichtszustand abweichenden instabilen Legierungsverteilung zwischen den entstehenden Phasen führt. Es ist unmittelbar einzusehen, daß hierdurch in besonderem Maße die Karbidbildung betroffen wird. Die Entstehung der Gleichgewichtskarbide setzt eine Anreicherung der karbidbildenden Elemente voraus, so daß eine hiervon abweichende Verteilung die Bildung anderer, metastabiler Zwischenphasen zur Folge haben kann. Um diese Vorgänge näher zu beschreiben, ist es zweckmäßig, sich zunächst den Karbidphasen in den hier interessierenden Legierungssystemen zuzuwenden.

Die außerordentlich umfangreiche Literatur über dieses Gebiet ist bereits in einigen Handbüchern [70–74] und einer Bibliographie [75], sowie in den Arbeiten von D. R. Banyard [76], H. J. Goldschmidt [77] und K. Kuo [78] so erschöpfend und z. T. kritisch ausgewertet worden, daß hier nur die für die Fragestellung der vorliegenden Arbeit notwendigen Tatsachen angeführt werden sollen.

Die Karbidphasen verteilen sich nach ihren Kristallstrukturen, die erstmals hauptsächlich von A. Westgren und Mitarbeitern [79–88] bestimmt worden sind, auf die drei folgenden Kristallsysteme:

1. das kubische System,
2. das hexagonale System,
3. das orthorhombische System.

Für die Karbidphasen der *binären* Metall-Kohlenstoff-Systeme besteht eine einfache Beziehung zwischen ihrer Kristallstruktur und der Stellung der Metalle im periodischen System der Elemente. Diese wird von G. Hägg [89] für die interstitiellen Strukturen der Karbide, Nitride, Boride und Hydride aus dem Radius-Verhältnis der Nichtmetallatome zu den Metallatomen erklärt. Auf Grund dieser Beziehung kann eine kurze, systematische Übersicht von den binären Karbidphasen gegeben werden, die nach einer Darstellung von H. J. Goldschmidt [77] in Abb. 2 für die wichtigsten Übergangsmetalle in der Legierungstechnik der Stähle zusammengefaßt ist.

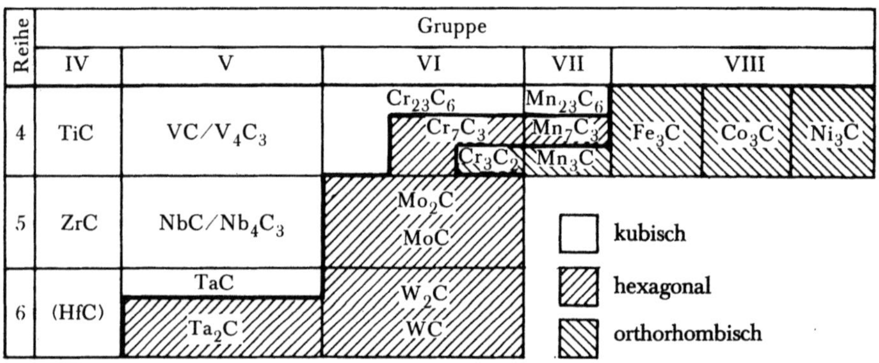

Abb. 2 Beziehung zwischen der Kristallstruktur binärer Karbide und der Stellung des Metalls im periodischen System der Elemente
(nach H. J. Goldschmidt [77])

Die Übergangsmetalle der IV. und V. Gruppe bilden kubische Karbidkristalle dichtester Kugelpackung vom Steinsalz-Typ mit der idealen Zusammensetzung MC [90, 91]. Die Elemente zeichnen sich durch eine verhältnismäßig hohe Affinität zum Kohlenstoff aus, die z. B. in der großen Stabilität der Karbide zum Ausdruck kommt.
Bei den Übergangsmetallen der VII. und VIII. Gruppe treten orthorhombische Karbidstrukturen vom Zementittyp mit der allgemeinen Formel M_3C auf [79, 80]. Auf Grund der verhältnismäßig geringen Affinität dieser Elemente zum Kohlenstoff sind diese Karbidphasen in den Stählen *metastabil.* Im *stabilen* Gleichgewicht ist neben den metallischen Mischkristallen nur Graphit beständig. Die Stabilität dieser Karbidphasen wird erhöht, wenn die Metallatome durch andere einer niedrigeren Gruppe, z. B. Chrom, substituiert werden. Beim Mangan sind noch zwei weitere Phasen nachgewiesen worden [80, 92]: ein komplexes, kubisches

Karbid der Formel $Mn_{23}C_6$ und ein komplexes, hexagonales Karbid der Formel Mn_7C_3. Die beiden Phasen sind mit den entsprechenden, unten erwähnten Chromkarbiden isomorph.

Die Übergangsmetalle der VI. Gruppe zeigen im Gegensatz zu denen der vorhergehenden, benachbarten Gruppen mehrere Karbidphasen. Beim Molybdän und Wolfram, die isomorphe Phasen bilden, treten zwei Karbide auf, die beide eine hexagonale Struktur dichtester Kugelpackung haben [86, 91], und in der Zusammensetzung den Formeln MC und M_2C entsprechen. Für Chrom sind drei Karbidphasen nachgewiesen worden [81–85], die sich hinsichtlich ihrer Kristallsymmetrie auf die drei obengenannten Systeme verteilen, also im Gegensatz zu den beiden Mo- und W-Karbiden unterschiedliche Struktur haben. Die metallreichste Phase mit der Formel $Cr_{23}C_6$ kristallisiert kubisch [82], die mittleren Metallgehalts mit der Formel Cr_7C_3 hexagonal [83] und die metallärmste mit der Formel Cr_3C_2 orthorhombisch [84]. Jedes der drei Chromkarbide entspricht also in seiner Kristallsymmetrie einer der drei Karbidstrukturen der benachbarten Elemente: das $Cr_{23}C_6$-Karbid den kubischen Karbiden der IV. und V. Gruppe, das Cr_7C_3-Karbid den hexagonalen Karbiden der eigenen Gruppe und das Cr_3C_2-Karbid den orthorhombischen Karbiden der VII. und VIII. Gruppe. Zum Unterschied von diesen Karbiden haben aber die Chromkarbide kein einfaches Gitter dichtester Kugelpackung, sondern ein sehr komplexes Gitter. Auf Grund der kristallographischen Zusammenhänge der Karbidphasen kann aber dem Chrom eine gewisse Übergangsstellung zwischen den benachbarten Elementen zugeschrieben werden, die im übrigen auch in seinem Einfluß auf manche Eigenschaften des Stahles zum Ausdruck kommt [71–73].

Bei den *ternären* Gleichgewichtssystemen auf der Basis Eisen–Kohlenstoff mit einem der genannten Übergangsmetalle ist besonders bemerkenswert, daß echte ternäre Karbide (Doppelkarbide) nur in den Systemen Fe—Mo—C und Fe—W—C vorkommen. In allen anderen Systemen sind bisher als Karbidphasen nur Mischkristalle der binären Karbide nachgewiesen worden [76–78]. Die Mischkristallbildung ist in den einzelnen Systemen sehr unterschiedlich. Auch hier besteht ein systematischer Zusammenhang mit der Stellung der Elemente im periodischen System.

In den Systemen mit den Elementen der IV. und V. Gruppe als dritter Komponente besteht nur eine geringe Löslichkeit zwischen dem Zementit und den genannten, kubischen Karbiden vom NaCl-Typ. Die hohe Affinität dieser Elemente zum Kohlenstoff bedingt, daß der verfügbare Kohlenstoff bevorzugt für die Bildung der kubischen Karbide verbraucht wird. Nur wenn noch Kohlenstoff im Überschuß vorhanden ist, tritt auch Zementit auf.

Auch in den Systemen mit Molybdän und Wolfram aus der VI. Gruppe besitzen die binären Karbidphasen nur eine verhältnismäßig geringe Löslichkeit für die andere Metallkomponente. Das Eisen bildet jedoch mit diesen Elementen, wie bereits erwähnt, ein Doppelkarbid, das eine komplexe, kubische Struktur hat und durch die Summenformel M_6C zu beschreiben ist [87, 88]. Seine Zusammensetzung bewegt sich zwischen den Grenzen Fe_3Mo_3C und Fe_4Mo_2C bzw. Fe_3W_3C und Fe_4W_2C. Eine weitere Karbidphase, die erstmals von WESTGREN und Mitarbeitern nachgewiesen wurde [82], tritt noch im metastabilen Zustand auf. Sie ist mit dem komplexen, kubischen $Cr_{23}C_6$-Karbid isomorph und hat entsprechend der allgemeinen Formel $M_{23}C_6$ eine ideale Zusammensetzung $Fe_{21}Mo_2C_6$ bzw. $Fe_{21}W_2C_6$. Trotz der Isomorphie mit dem binären Chromkarbid ist diese metastabile Phase in bezug auf die ternären Systeme Fe—Mo—C bzw. Fe—W—C als echtes Doppelkarbid aufzufassen.

Im System Fe—Cr—C treten keine Doppelkarbide auf, obwohl das Chrom ebenfalls der VI. Gruppe angehört. Entsprechend dem gekennzeichneten Übergangscharakter der Chromkarbide besitzen diese aber eine beträchtliche Löslichkeit für das Eisenkarbid, und auch umgekehrt besteht eine beträchtliche Löslichkeit des Zementits für Chrom.

Für die Systeme mit den Metallen der VII. und VIII. Gruppe ergibt sich aus der Isomorphie der Karbidphasen, daß der Zementit mit den Nichteisenkarbiden eine ununterbrochene Mischkristallreihe bildet. Für die obengenannten Mangankarbide $Mn_{23}C_6$ und Mn_7C_3 [80, 92] ist ein Gleichgewicht mit dem Zementit $(Fe, Mn)_3C$ bisher nicht aufgestellt worden.

Systematische Untersuchungen an Vier- und Mehrstoffsystemen von H. J. Goldschmidt [93], H. Krainer [94] und K. Kuo [95, 96] auf der Basis technisch wichtiger Legierungen haben keine neuen Karbidphasen ergeben, sondern lediglich feste Lösungen der obengenannten binären und ternären Strukturen.

In dem üblichen Legierungsbereich der Stähle treten die Karbide Mo_2C und W_2C nur als metastabile Phasen auf, da das ternäre M_6C-Karbid diese Phasen vom Gleichgewicht mit dem α-Eisen abschneidet. Auch das orthorhombische Chromkarbid Cr_3C_2 ist bisher in Stählen noch nicht gefunden worden.

Nach dieser Übersicht von den Karbidstrukturen soll im folgenden die Erörterung über die Bildung der metastabilen Zwischenphasen in der Perlitstufe zu Ende geführt werden. Die Unterschiede in der Diffusionsgeschwindigkeit der Legierungselemente und des Kohlenstoffs einerseits [97] sowie der Überschuß an Eisenatomen andererseits machen es ohne weiteres verständlich, daß zunächst die Neigung besteht, die eisenreichen Phasen, den Zementit $(Fe, M)_3C$ und das metastabile Doppelkarbid $(Fe, M)_{23}C_6$ zu bilden [31, 32, 40, 41, 60–64, 67, 77, 78, 98]. Ihr Legierungsgehalt ist aber gegenüber der Durchschnittszusammensetzung des Stahles bereits in Richtung auf die Gleichgewichtszusammensetzung verändert. Bei den Elementen mit großer Affinität zum Kohlenstoff, wie z. B. Chrom, Molybdän, Wolfram, Mangan, ist der Gehalt erhöht, bei den Elementen mit großer Affinität zum Ferrit, wie z. B. Kobalt, Nickel, Silizium, erniedrigt [31, 32, 40, 41, 63, 64, 67, 78].

Nach erfolgter Austenitumwandlung ist es wegen der erhöhten Diffusionsfähigkeit im α-Eisen [97] bei einer Glühung im Temperaturbereich der Perlitstufe möglich, durch die nachträgliche Reaktion zwischen den Karbidbestandteilen und der ferritischen Grundmasse den Gleichgewichtszustand einzustellen. Erwartungsgemäß reichern sich hierbei von den genannten Elementen die mit großer Affinität zum Kohlenstoff in den Karbidbestandteilen an, während die mit großer Affinität zum Ferrit in die Grundmasse übergehen [31, 32, 40, 41, 63, 64, 67]. Bei diesem Legierungsaustausch wandeln sich auch die metastabilen Phasen in die des

Gleichgewichtes um. Diese Umwandlungen können stufenweise über die Bildung weiterer, metastabiler Übergangskarbide erfolgen.

Für das Vierstoffsystem Fe—Cr—Mo(W)—C und die zugehörigen ternären Randsysteme, die der Legierungsgrundlage der Werkzeugstähle, insbesondere der hier interessierenden warmfesten Stähle entsprechen, und die deshalb von größter technischer Bedeutung sind, wurden die Vorgänge der Karbidbildung und -umwandlung auf breiter Grundlage sehr systematisch von K. Kuo untersucht [78, 95, 96]. Seine Untersuchungen befassen sich hauptsächlich mit den Vorgängen beim Anlassen, da die Stähle ausschließlich im vergüteten Zustand verwendet werden. Das wesentlichste Ergebnis ist vor allem die Feststellung, daß sich die Chromstähle von den Molybdän- und Wolframstählen nicht nur in der Struktur der auftretenden Karbidphasen, sondern auch in der Umwandlung dieser Phasen vom metastabilen Zustand zum Gleichgewicht grundlegend unterscheiden. Zur Erklärung wird die chemische Zusammensetzung der Grundmasse und der Karbidbestandteile herangezogen. Die Zusammenhänge werden am Atomverhältnis der Gehalte an den Legierungsmetallen zu dem an Kohlenstoff aufgezeigt und dadurch einer zusammenfassenden, systematischen Betrachtungsweise zugänglich gemacht. Dem kristallographischen Zusammenhang zwischen Grundmasse und ausgeschiedener Phase, der sowohl von Goldschmidt [77] als auch von Lashko und Nesterova [99] als entscheidende Triebfeder für die Struktur der entstehenden metastabilen Phase angesehen wird, wird von Kuo [78] auf Grund der gesammelten Beobachtungen nur eine untergeordnete Bedeutung beigemessen. Für die vorliegende Arbeit haben die Ergebnisse eine so grundlegende Bedeutung, daß für die Darstellung und das Verständnis der Vorgänge eine eingehendere Wiedergabe nützlich erscheint.

Beim Anlassen von *Chromstählen* tritt nach dem Zementit als Chromsonderkarbid *zunächst immer* das chromärmere $(Cr, Fe)_7C_3$-Karbid auf und erst danach das chromreichere $(Cr, Fe)_{23}C_6$-Karbid. In Übereinstimmung mit früheren Arbeiten [40, 100] weist Kuo [78] nach, daß der Bildung des $(Cr, Fe)_7C_3$-Karbids eine Anreicherung des Chroms im Zementit bis zum Sättigungsgehalt von etwa 20% vorausgeht. Er zieht daraus die später von Wever und Koch [41] als richtig bewiesene Schlußfolgerung, daß das Chromkarbid unmittelbar aus dem Zementit durch die Chromaufnahme aus der Grundmasse entsteht. Die Vermutung, daß die Umwandlung vom $(Cr, Fe)_7C_3$- zum $(Cr, Fe)_{23}C_6$-Karbid in ähnlicher Weise in zwei Stufen vor sich geht [78], findet in den Ergebnissen von Shaw und Quarrell [101] eine wesentliche Stütze.

Das Anlassen der *Wolfram- und Molybdänstähle* führt nach der Ausscheidung des Zementits nicht wie bei den Chromstählen zunächst ganz allgemein zur Bildung des Sonderkarbids mit dem niedrigsten Legierungsgehalt, sondern es scheiden sich sofort hochlegierte Sonderkarbide aus. Je größer das Atomverhältnis M : C des Stahles ist, desto höher ist auch das M : C-Verhältnis des nach dem Zementit zunächst ausgeschiedenen Sonderkarbids. Nach Kuo ist die Reihenfolge mit steigendem M : C-Verhältnis des Stahls: $Fe_{21}W_2C_6$, WC, Fe_4W_2C und W_2C. Zum Unterschied hierzu wurde bei Molybdänstählen beobachtet, daß das Fe_4Mo_2C-Karbid immer nach dem Mo_2C-Karbid auftritt [78].

Auch die weiteren Umwandlungsvorgänge bei einer Verlängerung der Anlaßbehandlung zeigen bei Wolfram- und Molybdänstählen eine den Chromstählen entgegengesetzte Tendenz, d. h. die sich anschließenden Sonderkarbide nehmen in ihrem Legierungsgehalt nicht zu, sondern ab. In Wolframstählen folgt dementsprechend dem W_2C-Karbid das Fe_4W_2C-Karbid und diesem das $Fe_{21}W_2C_6$-Karbid. Bei Molybdänstählen tritt dagegen nach dem M_6C-Karbid zunächst noch ein metastabiles Karbid unbekannter Struktur und Zusammensetzung auf, das erstmals von Kuo gefunden und als M_aC_b-Karbid bezeichnet wurde [78]. Die Existenz dieser Phase hat später R. Smith bestätigt [102]. Während dieser Umwandlung in Richtung auf den Gleichgewichtszustand werden die metastabilen Karbide M_2C und $M_{23}C_6$ sowie das oben genannte Molybdänkarbid M_aC_b allmählich vollständig aufgelöst.
Kuo kommt auf Grund dieser Abhängigkeit der Karbidreaktionen von der Zusammensetzung der Molybdän- und Wolframstähle zu der Ansicht, daß die Sonderkarbide unmittelbar aus der Grundmasse ausgeschieden werden, wobei der erforderliche Kohlenstoff durch die Auflösung des Zementits und der metastabilen Übergangskarbide geliefert wird. Für die Umwandlung des Zementits liegt diese Vorstellung sehr nahe, da dessen geringe Löslichkeit für Wolfram und Molybdän einen Umwandlungsmechanismus wie im Falle der Chromstähle unmöglich macht. So kommen auch Baker und Nutting [103] bei ihrer Untersuchung der Karbidreaktionen $Fe_3C \rightarrow Mo_2C$ zu einer Bestätigung der Auffassung von Kuo.
Beim Glühen nach einer isothermischen Umwandlung in der Perlitstufe sollen die Karbidreaktionen grundsätzlich in der gleichen Weise ablaufen. Allerdings liegt im Ausgangszustand, d. h. am Ende des Austenitzerfalls häufig nicht der Zementit als Karbidphase vor, sondern schon ein metastabiles Sonderkarbid [40, 41, 78].

3. Ziel und Zweck der Arbeit

Für die Warmarbeitsstähle [105] und warmfesten Baustähle [104] sollen die Umwandlungsvorgänge in der Perlitstufe an kennzeichnenden Beispielen im Sinne der vorstehend theoretisch erörterten Möglichkeiten untersucht, und die Beziehungen zur Stahlzusammensetzung aufgezeigt werden. Damit soll zu den Kenntnissen über den Austenitzerfall legierter Stähle und dessen Zusammenhang mit dem Gleichgewicht beigetragen werden.

Demgemäß befaßt sich die Untersuchung mit folgenden Fragen:

1. Ablauf des Austenitzerfalls in der Perlitstufe bei verschiedenen legierten Stählen in Abhängigkeit von Temperatur und Zeit, beschrieben im ZTU-Schaubild;

2. Ausbildung des Gefüges im Zusammenhang mit den entstandenen Karbidformen und dem Mechanismus der Umwandlung;
3. Struktur und Zusammensetzung der gebildeten Karbidphasen;
4. Umwandlungen der Karbidphasen während und nach dem Austenitzerfall;
5. Zusammenhang der Karbidphasen mit dem Gleichgewichtszustand im System Fe—Cr—Mo—W—C.

4. Auswahl der Versuchswerkstoffe

Die Versuchswerkstoffe wurden mit Rücksicht auf das Ziel der Arbeit vorzugsweise nach charakteristischen Unterschieden in den Gefügen der Perlitstufe ausgesucht, da sich hierin die Umwandlungsvorgänge unmittelbar anschaulich ausprägen. Gleichzeitig sollte durch ihre chemische Zusammensetzung der technische Legierungsbereich hinsichtlich der Konzentrationsverhältnisse der Legierungskomponenten zum Kohlenstoff im wesentlichen erfaßt werden, um auch die Karbidbildung und den Gleichgewichtszustand durch kennzeichnende Beispiele zu belegen. Naturgemäß sind diese Gesichtspunkte der Stahlauswahl sehr eng miteinander verknüpft.

Die *Auswahl nach dem Gefüge* konnte von den umfangreichen metallografischen Prüfungen zur Aufstellung der ZTU-Schaubilder für den »Atlas zur Wärmebehandlung der Stähle« [1] ausgehen. Im allgemeinen waren jedoch noch sehr viele ergänzende Beobachtungen bei elektronenoptischen Vergrößerungen erforderlich. Auf Grund dessen wurden zunächst vier Warmarbeitsstähle und ein warmfester Baustahl zur Untersuchung vorgesehen, die für die festgestellten Unterschiede in den Gefügen der Perlitstufe im wesentlichen kennzeichnend waren.

Die chemische Zusammensetzung der Schmelzen dieser fünf Stähle ist in Tab. 1 in Gewichts- und Atomprozenten aufgeführt. Die sich daraus ergebenden Atomverhältnisse der Legierungsbestandteile und des Kohlenstoffs sind in Tab. 2 enthalten. Für Molybdän und Wolfram werden hier wie auch im folgenden zusätzlich die Verhältniswerte aus der Summe ihrer Gehalte angegeben, da sie isomorphe und dementsprechend mischbare Karbide bilden. Die Legierungen sind in erster Linie nach steigendem (Mo+W):C-Verhältnis geordnet. Bei den Schmelzen A bis D mit kleinen und nahezu gleichen Werten bestimmt das Cr:C-Verhältnis die Reihenfolge.

Für die *Auswahl nach der chemischen Zusammensetzung* wurden die wichtigsten warmfesten Stahlsorten der betreffenden DIN- [104] und Stahl–Eisen-Werkstoffblätter [105] berücksichtigt. Dabei wurden die Mittelwerte der Richtanalysen an den sonderkarbidbildenden Legierungselementen Chrom, Molybdän und Wolfram sowie an Kohlenstoff auf 100 Atome umgerechnet. In Abb. 3 sind diese relativen Gehalte in ein entsprechendes Konzentrationsdreieck eingetragen. Sie erscheinen für Molybdän und Wolfram wegen der Isomorphie und Mischbarkeit der betreffenden Karbidphasen auf der Grundlinie als Summe. Durch eine zweite Achsenteilung werden die relativen Mengen der Eckelemente durch die Atomverhältnisse ausgedrückt.

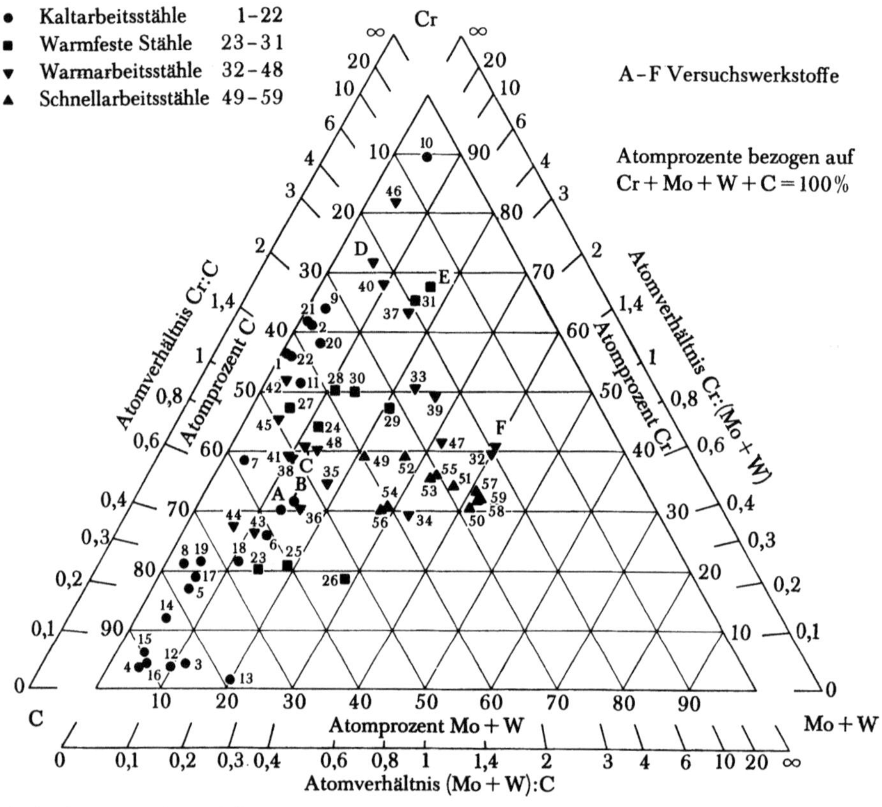

Abb. 3 Zentralprojektion von den Konzentrationsverhältnissen der legierten Werkzeugstähle, warmfesten Baustähle und Versuchswerkstoffe an Chrom, Molybdän + Wolfram und Kohlenstoff in Atomprozenten (zur Bezeichnung der Stähle vgl. Tab. 1 und 3)

Diese Art der Darstellung entspricht einer Zentralprojektion der gleichseitigen Konzentrationspyramide für die Elemente Fe—Cr—Mo + W—C mit der Eisenecke als Projektionszentrum und dem gegenüberliegenden Konzentrationsdreieck der übrigen Elemente als Projektionsfläche. Die Konzentrationsgeraden dieser Elemente sind die Projektionsstrahlen. Sie schneiden sich dementsprechend zum Unterschied von der üblichen Darstellungsweise in der Eisenecke. Die räumliche Wiedergabe von den relativen Gehalten der Stähle an Chrom, Molybdän, Wolfram und Kohlenstoff neben Eisen läßt sich dadurch auf eine ebene Darstel-

Tab. 1 Chemische Zusammensetzung der Versuchswerkstoffe

Werkstoff (Bezeichnung nach DIN 17006)	Chemische Zusammensetzung in Gewichtsprozenten (erste Zeile) Atomprozenten (zweite Zeile)								
Schmelze	C	Si	Mn	P	S	Cr	Mo	V	W
60 WCrV 7 (Schmelze A)	0,55 2,52	0,94 1,84	0,34 0,34	0,015 0,026	0,012 0,020	1,27 1,34	0,05 0,03	0,18 0,19	1,88 0,56
60 WCrV 7 (Schmelze B)	0,56 2,57	0,65 1,28	0,35 0,35	0,016 0,029	0,006 0,011	1,42 1,50	0,18 0,10	0,18 0,20	1,97 0,59
45 CrVMoW 5 8 (Schmelze C)	0,39 1,79	0,58 1,14	0,45 0,45	0,018 0,032	0,003 0,005	1,45 1,53	0,47 0,27	0,70 0,76	0,55 0,16
X 38 CrMoV 5 1 (Schmelze D)	0,39 1,79	0,94 1,84	0,48 0,48	0,013 0,023	0,005 0,009	5,53 5,85	0,87 0,50	0,48 0,52	n. b. n. b.
10 CrMo 9 10 (Schmelze E)	0,12 0,56	0,21 0,42	0,47 0,48	0,010 0,018	0,010 0,017	2,29 2,45	1,02 0,59	$<$ 0,01 $<$ 0,01	n. b. n. b.
X 30 WCrV 9 3 (Schmelze F)	0,28 1,37	0,11 0,23	0,36 0,38	0,008 0,015	0,004 0,008	2,57 2,90	0,03 0,02	0,35 0,40	8,88 2,83

n. b. = nicht bestimmt

Tab. 2 Atomverhältnisse der Versuchswerkstoffe

Werkstoff (Bezeichnung nach DIN 17006)	Kurzbezeichnung (Schmelze)	Atomverhältnisse							
		Cr : C	Mo : C	W : C	(Mo + W) : C	V : C	Cr : Mo	Cr : W	Cr : (Mo + W)
60 WCrV 7	A	0,53	0,01	0,22	0,23	0,08	44,67	2,39	2,27
	B	0,58	0,04	0,23	0,27	0,08	15,00	2,54	2,17
45 CrVMoW 5 8	C	0,86	0,15	0,09	0,24	0,43	5,67	9,56	3,56
X 38 CrMoV 5 1	D	3,27	0,28	–	0,28	0,29	11,70	–	11,70
10 CrMo 9 10	E	4,38	1,05	–	1,05	< 0,02	4,15	–	4,15
X 30 WCrV 9 3	F	2,12	0,02	2,07	2,08	0,29	145,00	1,03	1,02

lung zurückführen. Stähle mit übereinstimmenden Konzentrationsverhältnissen an diesen Elementen werden dabei nur durch *einen* Punkt in der Projektionsebene abgebildet, da sie auf dem gleichen Projektionsstrahl liegen. Ihr Legierungsaufbau läßt sich demzufolge mit dieser Darstellung in sehr übersichtlicher Weise wiedergeben. Insbesondere wird die Auswahl der Stähle nach der chemischen Zusammensetzung hinsichtlich der karbidbildenden Elemente und des Kohlenstoffs wesentlich erleichtert.

In Ergänzung zu den Konzentrationsverhältnissen der Warmarbeitsstähle und warmfesten Baustähle sind in Abb. 3 noch die der wichtigsten Kaltarbeitsstähle [106] und Schnellarbeitsstähle [107] eingezeichnet. In die späteren Ausführungen über die zu erwartenden Gleichgewichtskarbide sollen auch diese beiden Werkzeugstahlgruppen wegen ihrer großen technischen Bedeutung einbezogen werden. Die vier Stahlgruppen werden in Abb. 3 durch verschiedenartige Zeichen und die einzelnen Stahlsorten durch fortlaufende Ziffern unterschieden. Die Kennziffern werden in Tab. 3 durch die Bezeichnungen der betreffenden Sorten nach DIN 17006 erläutert.

Für den zu beschreibenden Legierungsaufbau der vier Stahlgruppen kann die Verteilung der Punkte in Abb. 3 als kennzeichnend angesehen werden, da sie sich auf die wichtigsten Sorten beziehen. Danach werden Legierungen mit einem Gehalt an Mo + W von über 45 Atom-%, bezogen auf die Summe der Eckelemente des Konzentrationsdreiecks, technisch nicht hergestellt. Weiterhin ist das Atomverhältnis (Mo + W) : C kleiner als 2 und das Verhältnis Cr : (Mo + W) mit wenigen Ausnahmen größer als 0,7.

Bei den verschiedenen Stahlgruppen liegen die niedrigsten Gehalte an Mo + W von größtenteils weniger als 10 Atom-% unter den Kaltarbeitsstählen vor, die höchsten von rd. 40 Atom-% unter den Schnellarbeitsstählen. Diese besitzen annähernd auch den gleichen Chromgehalt. Diese für die Karbidbildung und die Eigenschaften sehr wesentliche Tatsache wird durch die übliche Angabe der Gewichtsprozente wegen der unterschiedlichen Atomgewichte der Elemente völlig verschleiert. Die Kaltarbeitsstähle haben dagegen sehr unterschiedliche Chromgehalte zwischen hauptsächlich 1 und 65 Atom-%.

Die (Mo+W)-Konzentrationen der Warmarbeitsstähle und warmfesten Baustähle liegen im wesentlichen zwischen den Grenzen der beiden zuerst genannten Stahlgruppen. Dabei ist zu berücksichtigen, daß die Warmarbeitsstähle vorzugsweise mit Wolfram, die warmfesten Baustähle dagegen ausschließlich mit Molybdän legiert werden. Die Chromwerte von 20 bis 80 Atom-% überschneiden sich größtenteils mit denen der Kaltarbeitsstähle.

Besonders bemerkenswert ist die häufig benachbarte Lage von Stahlsorten, die verschiedenen Gruppen angehören, und sich dementsprechend in der Gesamtanalyse hinsichtlich der Höhe der Gehalte an den hier betrachteten Elementen sehr weitgehend unterscheiden. Das bedeutet, daß das Verhältnis dieser Elemente für die verschiedenen Verwendungsgebiete vielfach beibehalten wird. Es ist zu erwarten, daß die Karbidreaktionen in diesen Fällen ähnlich sind und bei Erreichen des Gleichgewichtszustandes zu den gleichen Phasen führen.

Tab. 3 Erklärung zu der Bezifferung der Werkstoffe in Abb. 3

Werkstoffgruppen							
Kaltarbeitsstähle [106]		Warmfeste Stähle [104]		Warmarbeitsstähle [105]		Schnellarbeitsstähle [107]	
Lfd. Nr.	Bezeichnung nach DIN 17006	Lfd. Nr.	Bezeichnung nach DIN 17006	Lfd. Nr.	Bezeichnung nach DIN 17006	Lfd. Nr.	Bezeichnung nach DIN 17006
1	X 210 CrW 12	23	GS 22 Mo 4	32	X 30 WCrV 9 3	49	S 3-3-2
2	X 165 CrMoV 12	24	GS 22 CrMo 5 4	33	X 30 WCrV 5 3	50	S 2-9-1
3	142 WV 13	25	GS 20 MoV 5 3	34	X 30 WCrV 4 1	51	S 6-5-2
4	120 WV 4	26	GS 20 MoV 8 4	35	35 WCrV 7	52	S 9-1-2
5	105 WCr 6	27	24 CrMo 5	36	45 WCrV 7	53	S 12-1-2
6	60 WCrV 7	28	24 CrMoV 5 5	37	X 37 CrMoW 5 1	54	S 12-1-4
7	X 45 NiCrMo 4	29	21 CrMoV 5 11	38	45 CrVMoW 5 8	55	S 12-1-2- 3
8	100 CrMo 5	30	13 CrMo 4 4	39	X 32 CrMoV 3 3	56	S 12-1-4- 5
9	30 CrMoV 9	31	10 CrMo 9 10	40	X 38 CrMoV 5 1	57	S 18-0-1
10	X 6 CrMo 5			41	45 CrMoV 6 7	58	S 18-1-2- 5
11	X 100 CrMoV 5 1			42	40 CrMnMo 7	59	S 18-1-2-10
12	115 W 8			43	57 NiCrMoV 7		
13	X 130 W 5			44	56 NiCrMoV 7		
14	80 WCrV 3			45	35 NiCrMo 16		
15	135 WCrV 4			46	X 50 NiCrWV 13 13		
16	100 WV 4			47	X 60 WCrMoV 9 4		
17	110 WCrV 5			48	45 WCrV 7 7		
18	80 WCrV 8						
19	55 NiCrMoV 6						
20	19 NiCrMo 15						
21	X 165 CrCoMo 12						
22	X 210 CrCoW 12						

Zur Kennzeichnung der bereits nach dem Gefüge ausgewählten Stähle hinsichtlich der Lage im Konzentrationsfeld der zu untersuchenden, warmfesten Stahlgruppen sind hierfür in Abb. 3 nicht nur die Verhältniswerte der betreffenden Richtanalysen angegeben, sondern auch die der vorliegenden Schmelzenanalysen (Tab. 2). Diese sind mit den in den Tab. 1 und 2 als Kurzzeichen eingeführten Buchstaben kenntlich gemacht. Aus der Gegenüberstellung ist zu entnehmen, daß die Schmelzen A und B des Stahles 60 WCrV 7 und die Schmelze C des Stahles 45 CrVMoW 5 8 den unteren Legierungsbereich der beiden warmfesten Gruppen mit der dichtesten Anhäufung von Stählen dieser Art vertreten. Zum Unterschied davon sind die Schmelzen D (Stahl X 38 CrMoV 5 1) und E (Stahl 10 CrMo 9 10) beispielhaft für die warmfesten Legierungen an der oberen Grenze des Chromgehaltes, die Schmelze F (Stahl X 30 WCrV 9 3) dagegen für die an der oberen Grenze des Molybdän–Wolfram-Gehaltes. Die Schmelzen A bis D erfassen teilweise auch den Konzentrationsbereich der Kaltarbeitsstähle. Die Schmelze F kann dagegen noch als kennzeichnend für die Schnellarbeitsstähle angesehen werden. Wenn hierbei noch berücksichtigt wird, daß ein Teil des verfügbaren Kohlenstoffs durch Vanadin abgebunden wird, müßten die betreffenden Punkte in Abb. 3 verschoben werden. Zur Berechnung der Cr:C- und (Mo+W):C-Verhältnisse wird dann nur der nicht an Vanadin gebundene Kohlenstoff eingesetzt. Da der Vanadingehalt der Schnellarbeitsstähle höher ist als der der Schmelze F, ist mit der Verschiebung der betreffenden Punkte eine Annäherung verbunden.
Nach diesen Vergleichen wird durch die nach den beobachteten Gefügeunterschieden ausgesuchten fünf Stahlsorten zugleich ein Konzentrationsbereich eingeschlossen, der in der Darstellungsweise der Abb. 3 nicht nur für die beiden warmfesten Stahlsorten im wesentlichen kennzeichnend ist, sondern auch die Schnellarbeitsstähle und zum Teil noch die Kaltarbeitsstähle erfaßt. Daher wurde darauf verzichtet, für die Untersuchung noch weitere Legierungen auf Grund der chemischen Zusammensetzung heranzuziehen.
Die gekennzeichneten Schmelzen (Tab. 1 und 2) wurden technisch in basischen Elektroöfen hergestellt. Die Schmelzen A und B lagen in 20-mm-Vierkantstäben vor, die anderen in 30-mm-Rundstäben. Die Stäbe der Schmelzen A bis D waren geschmiedet, die der Schmelzen E und F gewalzt. Als Vorbehandlung für die Versuche wurde bei der Schmelze E eine Vergütung durchgeführt, bei allen übrigen eine Weichglühung.

5. Versuchsdurchführung

Die Untersuchung wurde mit allgemein bewährten Verfahren und Hilfsmitteln durchgeführt, so daß hier unter Hinweis auf das betreffende Schrifttum von einer eingehenden Beschreibung abgesehen werden kann.

Der Ablauf der isothermischen Umwandlung des Austenits in Abhängigkeit von der Umwandlungstemperatur und -zeit, wie er durch die ZTU-Schaubilder beschrieben wird, wurde nach der technisch üblichen Austenitisierung [104, 105] untersucht. Um den Einfluß des Austenitisierungszustandes auf das Umwandlungsverhalten zu kennzeichnen, wurde in einigen besonders aufschlußreichen Fällen zusätzlich eine um etwa 100°C erhöhte Austenitisierungstemperatur angewendet. Die Bestimmung des Umwandlungsablaufes erfolgte durch dilatometrische Messungen und die zur Ergänzung notwendigen metallographischen Untersuchungen. Die Verfahren werden unter anderem im »Atlas zur Wärmebehandlung der Stähle« [1] näher beschrieben; fernerhin hat der Verein Deutscher Eisenhüttenleute hierüber ein Prüfblatt [108] herausgegeben.
Der Mechanismus des Austenitzerfalls und die Bildung der Karbidbestandteile in der Perlitstufe, deren Aufklärung der hauptsächliche Gegenstand der vorliegenden Arbeit ist, wurden ebenfalls nach der technischen Austenitisierung untersucht. Die hierbei ungelöst zurückbleibenden Karbidbestandteile wurden im abgeschreckten Zustand bestimmt. Als Umwandlungstemperatur wurde die der höchsten Umwandlungsgeschwindigkeit gewählt, die im ZTU-Schaubild durch die »Perlitnase« wiedergegeben wird.
Zur Kennzeichnung der Karbidumwandlungen nach beendetem Zerfall des Austenits wurde im Anschluß an diesen Vorgang eine einheitliche Glühbehandlung von 200 h bei 750°C durchgeführt. Unter den gleichen Bedingungen wurde auch der abgeschreckte Zustand angelassen. Durch einen Vergleich der jeweils gebildeten Karbidphasen sollte geprüft werden, ob die verschiedenen Reaktionswege zum gleichen Endzustand führen. Daraus sind Anhaltspunkte für den Gleichgewichtszustand zu gewinnen.
Die beschriebenen Wärmebehandlungen wurden in inerten Salzbädern durchgeführt. Die Neutralität der Bäder wurde durch Kohlenstoffanalysen an Folien und Versuchsproben regelmäßig überprüft.
Die behandelten Proben hatten größtenteils einen Durchmesser von 12 mm und eine Länge von 100 mm. Vor der Untersuchung wurden sie auf einen Durchmesser von 10 mm abgedreht.
Zur Aufklärung der Vorgänge beim Austenitzerfall, der Karbidbildung und -umwandlung wurden neben dem Lichtmikroskop das Elektronenmikroskop [109] und die elektrolytische Rückstandsisolierung [110] eingesetzt. Die Untersuchungen erfolgten an Abschnitten der gleichen Probe.
Die Beobachtungen mit dem Elektronenmikroskop erstreckten sich auf das Gesamtgefüge und die Karbidphasen. Diese wurden sowohl auf die Wachstumsform und Anordnung im Gefüge als auch auf die Kristallstruktur geprüft. Die Strukturbestimmungen erfolgten durch Gesamt- und Feinbereichbeugung [111].
Für diese metallkundlichen Prüfungen mit dem Elektronenmikroskop sind verschiedene Präparationsverfahren entwickelt worden [112, 113]. In der vorliegenden Arbeit wurde das Lackabdruckverfahren angewendet und eine 0,8%ige Movitallösung in Chloroform benutzt. Zur Beurteilung des Gesamtgefüges wurden Reliefabdrucke hergestellt, zur Untersuchung der Karbidphasen Ausziehabdrucke [113]. Wenn in der Lackfolie nur wenige oder nur sehr große Teilchen

enthalten sind, kann die Strukturbestimmung durch Elektronenbeugung unsicher werden. In solchen Fällen wurden durch eine übermäßig starke Ätzung der Schliffläche die Teilchen im Ausziehabdruck so stark angereichert, daß zur Kontrolle eine röntgenografische Drehkristalluntersuchung durchgeführt werden konnte.
Die elektrochemisch isolierten Karbidphasen wurden auf ihre Zusammensetzung durch die Mikroanalyse [114] untersucht, auf ihre Struktur durch Röntgen- und Elektronenbeugung [115] und auf ihre Wachstumsform durch elektronenoptische Abbildung. Die röntgenografischen Beugungsbilder wurden mit monochromatischer Chromstrahlung aufgenommen.
Für die Isolierungen wurde das von Klinger und Koch [110] entwickelte Verfahren angewendet. Die Stromdichte betrug 10 mA/cm^2. Als Elektrolyt wurde eine 3%ige wäßrige KBr-Lösung benutzt. Die Dauer einer Isolierung lag je nach dem Karbidgehalt der Probe und ihrer Abmessung zwischen 5 und 15 Stunden.
Nach der Trennung der Rückstände von der Lösung durch Zentrifugieren setzten sich gelegentlich – teilweise unterstützt durch Ausflockungsmittel – bei längerem Stehen noch Niederschläge ab. Diese werden im folgenden als »Kolloid« bezeichnet. In den betreffenden Fällen wird neben der Zusammensetzung des durch Zentrifugieren abgetrennten »Isolates« und des »Kolloids« auch die des gesamten Rückstandes als Summe angegeben.
In einigen Fällen waren die Rückstände noch durch ungelöste α-Eisenteilchen verunreinigt, die besonders bei den analytischen Untersuchungen sehr störend sind. Sie wurden daher soweit wie möglich auf magnetischem Wege entfernt. In den Rückständen der abgeschreckten Proben wurden teilweise auch kleine Mengen an Restaustenit nachgewiesen, die jedoch nicht von dem karbidischen Anteil getrennt werden konnten.

6. Versuchsergebnisse

Die Darstellung der Versuchsergebnisse ist nach den ausgewählten Stählen gegliedert. Ihre Reihenfolge stützt sich wegen des Zusammenhangs mit der Karbidbildung auf die Atomverhältnisse der Gehalte an den Legierungsmetallen zum Kohlenstoffgehalt. Die einzelnen Abschnitte befassen sich zunächst vor allem mit dem Vorgang des Austenitzerfalls und der Struktur der beteiligten Karbidphasen. Daran anschließend wird die Umwandlung der Karbidphasen beim Glühen und Anlassen und ihre chemische Zusammensetzung beschrieben.

6.1 Stahl 60 WCrV 7

6.11 Chemische Zusammensetzung und Anlieferungszustand

Der Stahl 60 WCrV 7 gehört in die große Gruppe der Wolfram–Chrom–Vanadin-Stähle, die nicht nur bei den Warmarbeitsstählen [105], sondern auch bei den

Kaltarbeitsstählen [106] vertreten ist. Mit der Legierungsgrundlage dieses Stahles von 2% W, 1,1% Cr und 0,2% V werden allein drei Sorten hergestellt, die sich nur im Kohlenstoffgehalt unterscheiden (Stähle 6, 35 und 36 in Tab. 3 und Abb. 3). Der Stahl 60 WCrV 7 besitzt den höchsten Gehalt; die beiden anderen Sorten 45 WCrV 7 und 35 WCrV 7 enthalten 0,45 bzw. 0,35% C. Er liegt dementsprechend auch im Atomverhältnis der Legierungskomponenten zum Kohlenstoff an der unteren Grenze (Abb. 3). Ursprünglich gehörten alle drei Sorten sowohl zur Gruppe der Warmarbeitsstähle als auch zu der der Kaltarbeitsstähle. Der Stahl 60 WCrV 7 wird jedoch heute nur noch für Kaltarbeitswerkzeuge verwendet.

Die Untersuchungen erstreckten sich auf zwei Schmelzen des Stahles, mit A und B bezeichnet. Die chemische Zusammensetzung dieser Schmelzen ist in Tab. 1 angegeben, die entsprechenden Werte der Atomverhältnisse in Tab. 2. Aus der Gegenüberstellung mit den Werten der Richtanalyse in Abb. 3 (Stahl 6) geht hervor, daß die Werte der untersuchten Schmelzen etwas höher liegen. Dies ist darauf zurückzuführen, daß die Kohlenstoffgehalte an der unteren Grenze der Richtanalyse sind, und die Gehalte an Chrom etwas überschritten werden.

Die thermische Vorbehandlung des Stahles 60 WCrV 7 erfolgte in der technisch üblichen Weise durch Weichglühen [106]. Das Gefüge zeigt hiernach bei geringer Vergrößerung eine schwach ausgeprägte Zeiligkeit entsprechend Abb. 4a. Durch die bessere Auflösung bei der höheren Vergrößerung in Abb. 4b wird sichtbar, daß die Karbidbestandteile sehr unterschiedlich geformt und verteilt sind. Der eine Teil ist verhältnismäßig grob bei körnigen oder länglichen Formen und völlig regellos in der ferritischen Grundmasse verstreut. Der andere Teil ist wesentlich feiner und in einer Weise parallel ausgerichtet, daß als ursprünglicher Zustand ein perlitartiges Gefüge angenommen werden kann.

Die röntgenografische Untersuchung der Karbidteilchen nach elektrolytischer Isolierung ergab, daß diese vorwiegend die kubische Struktur des $M_{23}C_6$-Karbides haben und zu einem kleinen Teil die des Eisen–Wolfram(Molybdän)-Doppelkarbides M_6C. Nach der Zusammensetzung des Stahles entspricht vermutlich auch das $M_{23}C_6$-Karbid der *ternären* Verbindung mit der idealen Zusammensetzung $Fe_{21}W_2C_6$ und nicht einem Mischkristall des binären Chromkarbids

a) 70:1

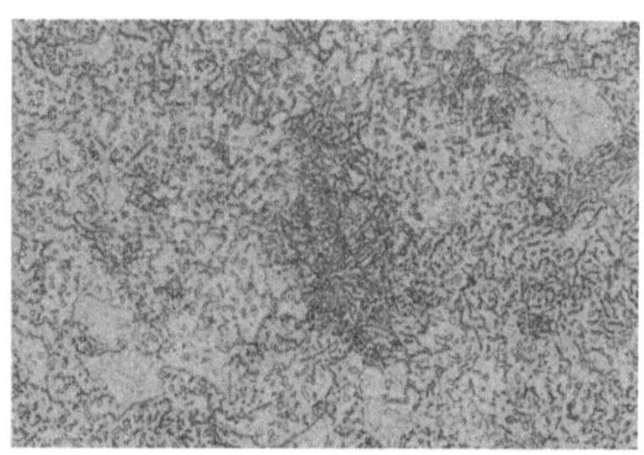

b) 350:1

Abb. 4 Stahl 60 WCrV 7 (A) – Gefüge im weichgeglühten Ausgangszustand [106]
a) Schwache Gefügezeiligkeit
b) Ferrit; Karbide: $M_{23}C_6$, M_6C, Sp. VC

$Cr_{23}C_6$. An gegebener Stelle wird diese Vermutung noch durch die Karbidanalyse bestätigt. Nach der Austenitisierung und teilweisen Auflösung der Karbide tritt im abgeschreckten Zustand neben diesen beiden Karbiden noch das VC-Karbid in Erscheinung. Es kann daher als sehr wahrscheinlich angenommen werden, daß es auch bereits im weichgeglühten Zustand vorgelegen hat.

6.12 Austenitisierungszustand

Der Stahl 60 WCrV 7 ist eine übereutektoidische Legierung. Die Temperaturen für den Beginn (Ac_{1b}) und das Ende (Ac_{1e}) der Austenitbildung liegen bei rd. 775 bzw. 830° C. Die Austenitisierung erfolgt unter technischen Bedingungen ebenso wie bei den Kohlenstoffstählen noch im Zweiphasengebiet Austenit + Karbid, wozu Temperaturen zwischen 870 und 900° C empfohlen werden [106]. Der Gleichgewichtszustand zwischen dem Austenit und den ungelösten Karbiden wird nach früheren Untersuchungen [56–58] bei diesen verhältnismäßig niedrigen Temperaturen erst nach sehr langen Zeiten erreicht. Im vorliegenden Falle sind bei 880° C mindestens 500 min erforderlich [56]. Ein entsprechendes Gefüge nach der doppelten Haltezeit wird in Abb. 5a durch eine elektronenoptische Aufnahme des abgeschreckten Zustandes gekennzeichnet. Beim Abschrecken hat sich der Austenit erwartungsgemäß in Martensit umgewandelt, die ungelösten Karbidbestandteile dürften dagegen nach den vorliegenden Erfahrungen keine merklichen Veränderungen erfahren haben. Sie treten in der martensitischen Grundmasse als kleine, rundlich eingeformte und helle Teilchen in Erscheinung. Aus dem Beugungsdiagramm des isolierten Rückstandes ergab sich, daß es sich hierbei nur noch um Reste des M_6C-Karbides handelt, während die Gegenwart von $M_{23}C_6$-Karbiden nicht mehr festgestellt werden konnte. Dagegen wurden in diesem Behandlungszustand, wie bereits erwähnt, Beugungslinien des VC-Kar-

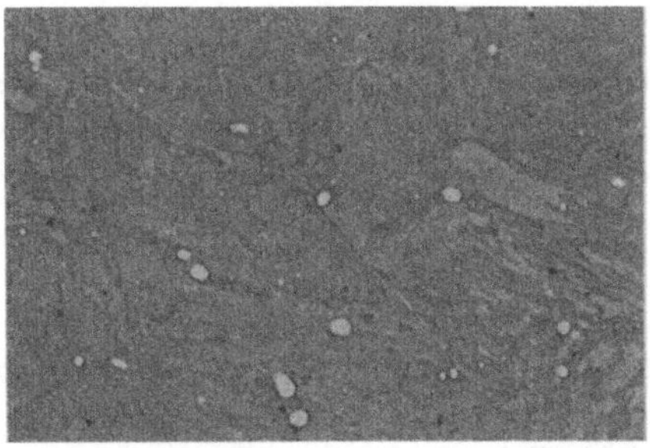

a) Abziehabdruck 3500:1

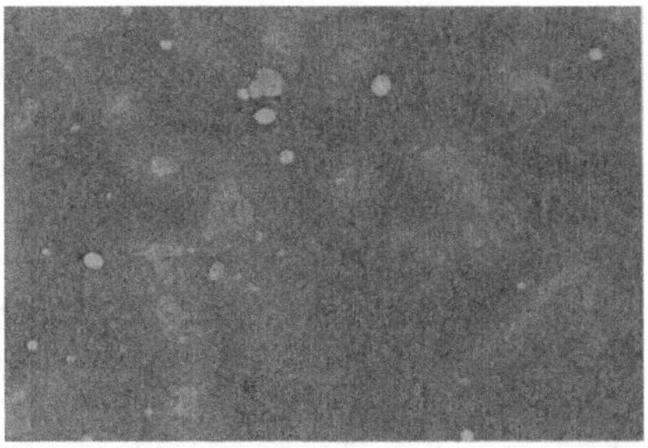

b) Ab-/Ausziehabdruck 7000:1

Abb. 5 Stahl 60 WCrV 7 (A) – Abschreckgefüge zur Kennzeichnung des Austenitisierungszustandes im Gleichgewicht (a) und – unter technischen Bedingungen – im Ungleichgewicht (b)

a) 17,5 h 880° C/H_2O Ungelöste Karbide: M_6C, VC (w); Martensit

b) 15 min 880° C/H_2O Ungelöste Karbide: M_6C (hell und rundlich), $M_{23}C_6$ (dunkel, meist groß und unregelmäßig geformt), Sp. VC; Martensit (nur um die $M_{23}C_6$-Karbide nicht zerfallen) bides nachgewiesen. Die Form und Lage dieser Phase im Gefüge wurde aber wegen der geringen Menge nicht näher bestimmt. Sie könnte in Form sehr feiner Kriställchen vorliegen, die möglicherweise bei der angewendeten Vergrößerung noch nicht deutlich erkennbar sind.

Aus diesen Ergebnissen geht hervor, daß das $M_{23}C_6$-Karbid im Austenit nicht beständig ist. Dementsprechend zeigt sich auch schon bei den unter technischen Bedingungen verhältnismäßig kurzen Haltezeiten, daß sich das $M_{23}C_6$-Karbid schneller auflöst als das M_6C-Karbid. Für eine übliche Haltezeit von 15 min bei der Austenitisierungstemperatur 880°C wurde durch röntgenografische Analyse des Rückstandes festgestellt, daß zwar noch die gleichen Karbidphasen wie im weichgeglühten Zustand vorliegen, daß sich jedoch im Gegensatz dazu ihr Mengenverhältnis bereits so weit zugunsten des M_6C-Karbides verschoben hat, daß sein Anteil jetzt größer ist als der des $M_{23}C_6$-Karbides. Diese Unterschiede im Lösungsverhalten der Karbide spiegeln sich auch sehr deutlich im Gefüge wieder, das in einer elektronenoptischen Vergrößerung in Abb. 5b wiedergegeben wird. Als M_6C-Karbide lassen sich aus einem Vergleich mit Abb. 5a die kleineren, rundlichen und helleren Teilchen bestimmen. Bei den wesentlich gröberen und unregelmäßig geformten Bestandteilen scheint es sich demnach um die $M_{23}C_6$-Karbide zu handeln. Das ist auch daran zu erkennen, daß der angrenzende Martensit glatt und hell erscheint, der restliche Martensit dagegen rauh und dunkel. Das bedeutet, daß er in der Umgebung der $M_{23}C_6$-Karbide unzersetzt ist und dementsprechend bei verhältnismäßig tiefen Temperaturen gebildet sein muß, daß er dagegen in den übrigen Bereichen durch eine Anlaßwirkung bereits zerfallen ist und dementsprechend bei verhältnismäßig hohen Temperaturen gebildet sein muß. Erfahrungsgemäß ist Voraussetzung hierfür, daß der Kohlenstoff- und Legierungsgehalt des ursprünglichen Austenits um die $M_{23}C_6$-Karbide herum höher ist als in den daran angrenzenden Gebieten. In diesem Sinne ist die verschiedene Ätzstruktur des Martensits mittelbar ein Kriterium für die unterschiedliche Auflösungsgeschwindigkeit der Karbidphasen. Als Abbild der Inhomogenität des Austenits ist sie zugleich kennzeichnend für den Zustand des Ungleichgewichts.

Einen ausdrücklichen Hinweis verdient noch der schroffe Übergang zwischen den beiden Zuständen des Martensits in Abb. 5b. Es ist daraus der Schluß zu ziehen, daß sich die Zusammensetzung des ursprünglich austenitischen Mischkristalls an diesem Übergang in gleicher Weise schroff ändert. Zu der gleichen Schlußfolgerung führen auch die Ergebnisse früherer Untersuchungen [1, 56], die auf ganz anderen Wegen gewonnen wurden. So wurde bei dilatometrischen Messungen beobachtet, daß die Martensitbildung in zwei deutlich getrennten Stufen erfolgt. Bei Mikrohärteprüfungen, die an der gleichen Probe mit statistischer Verteilung der Eindrücke durchgeführt wurden, traten dementsprechend in der Häufigkeitsverteilung der Eindruckdurchmesser zwei Höchstwerte auf [56]. Nach diesen verschiedenartigen Beweisen können die entwickelten Vorstellungen über die Vorgänge bei der Austenitisierung, insbesondere hinsichtlich der Auflösung der Karbide als gesichert angesehen werden. Die beobachteten Gefügeinhomogenitäten sind zugleich ein anschauliches Bild für den Einfluß der Legierungselemente auf die Aktivität und damit auf die Verteilung des Kohlenstoffs [59].

6.13 Austenitzerfall und Karbidbildung

Der isothermische Zerfall des Austenits nach der technischen Austenitisierung von 15 min bei 880° C wird durch das obere ZTU-Schaubild in Abb. 6 beschrieben. Für das untere Bild wurde die Austenitisierungstemperatur um 70° C erhöht, um ihren Einfluß auf das Umwandlungsverhalten zu kennzeichnen. Wie nach Art und Menge der Legierungsbestandteile zu erwarten, sind Perlit- und Zwischenstufe durch einen Bereich erhöhter Austenitbeständigkeit getrennt. Bei der technisch üblichen Temperatur ist die Trennung nur in den Kurven des Umwandlungsendes vollständig, in den Kurven des Umwandlungsbeginns dagegen erst durch eine Einbuchtung angedeutet. Dementsprechend liegt im Temperaturgebiet von etwa 500 bis 600° C eine Überschneidung der beiden Stufen vor. Bei der Erhöhung der Austenitisierungstemperatur tritt dann aber wegen der zunehmenden Auflösung der Karbide durch die damit verbundene Legierungsanreicherung im γ-Mischkristall eine vollständige Trennung der beiden Umwandlungsbereiche ein. Die Umwandlungsfreie Zone erstreckt sich von etwa 500 bis 550° C.
Bei beiden Austenitisierungstemperaturen ist in den Umwandlungshöchstwerten die Anlaufzeit für die Perlitstufe größer als für die Zwischenstufe, besonders bei 950° C; bei den Zeiten für das Umwandlungsende kehren sich dagegen die Verhältnisse um. Die Erhöhung der Austenitisierungstemperatur bewirkt erwartungsgemäß eine Verlängerung der Zeiten, die sich im Umwandlungsbeginn besonders auf die Perlitstufe auswirkt, im Umwandlungsende dagegen mehr auf die Zwischenstufe.
Der Martensitpunkt wird bei der Erhöhung der Austenitisierungstemperatur durch die Kohlenstoff- und Legierungsanreicherung im γ-Mischkristall von 310 auf 275° C erniedrigt.
Über den Mechanismus des Austenitzerfalls in der Perlitstufe sagt zunächst das ZTU-Schaubild in Abb. 6 aus, daß zu Beginn eine voreutektoidische Bildung von Ferrit eintritt und erst im Anschluß daran eine eutektoidische, perlitartige Reaktion. Bei der Temperatur des Umwandlungshöchstwertes von rd. 700° C beträgt der Anteil des Ferrits am Gesamtgefüge nach der Austenitisierung bei 880° C etwa 55%, nach der bei 950° C dagegen nur noch 10%. Diese Abnahme erklärt sich aus der bereits geschilderten Änderung der Austenitzusammensetzung.
Das Gefüge nach der niedrigen Austenitisierungstemperatur und vollständiger isothermischer Umwandlung bei 700° C ist in den Abb. 7a–c wiedergegeben. Bei der hohen lichtoptischen und mittleren elektronenmikroskopischen Vergrößerung (Abb. 7a und b) ist neben dem voreutektoidischen Ferrit nur ein verhältnismäßig grobes, perlitähnliches Phasengemenge zu erkennen. Die lamellenartigen Karbidbestandteile sind stellenweise an die großen, ungelösten $M_{23}C_6$-Restkarbide ankristallisiert (Abb. 7b). Erst bei sehr hohen Vergrößerungen wie in Abb. 7c wird sichtbar, daß neben diesem perlitartigen Eutektoid noch ein zweites mit fadenförmig oder körnig ausgebildeter Karbidphase von außerordentlicher Feinheit entsteht. Zwischen den beiden Eutektoiden ist stellenweise noch eine schmale Übergangszone zu beobachten, in der beide Karbidphasen in der ferritischen Grundmasse nebeneinander vorkommen.

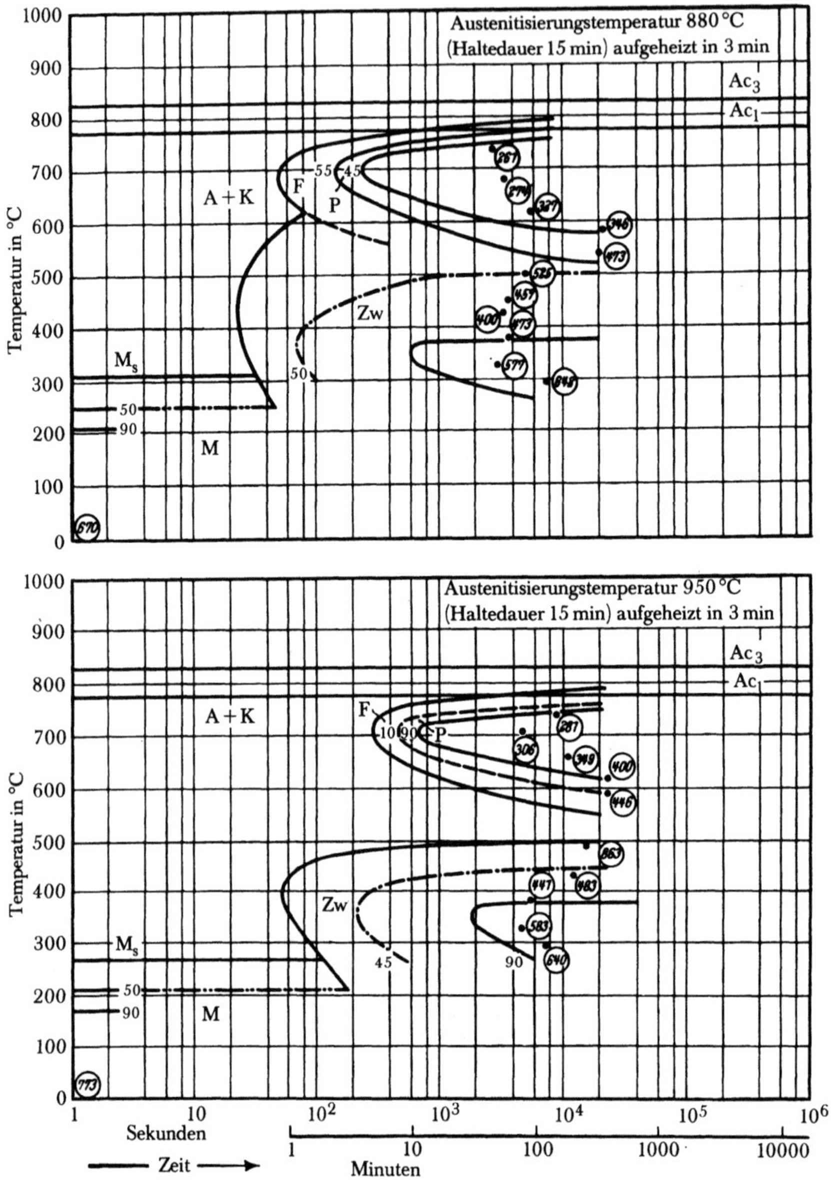

A + K	Bereich des Austenits und Karbids	Zw	Bereich der Zwischenstufen-Gefügebildung
F	Bereich der Ferritbildung		
P	Bereich der Perlitbildung	M	Bereich der Martensitbildung
◯	Härtewerte in HV	10;45 ...	Gefügeanteile in Prozent

Bestimmungsverfahren: Dilatometrisch und metallographisch an Proben von 4 mm Dmr. und 30 mm Länge. Metallographisch an Plättchen von 3 mm Dicke.

Abb. 6 Stahl 60 WCrV 7 (A) – Isothermische ZTU-Schaubilder für zwei Austenitisierungstemperaturen [1]

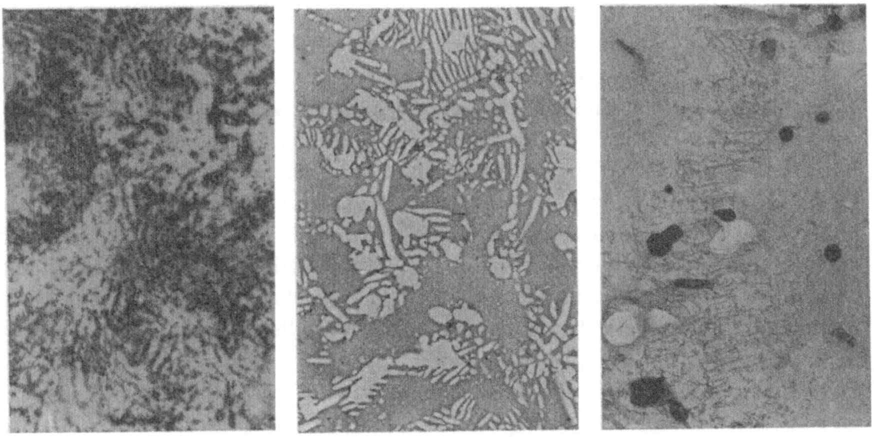

a) 1000:1 b) Abziehabdruck 3500:1 c) Ausziehabdruck 30000:1

Abb. 7 Stahl 60 WCrV 7 (A) – Gefüge nach technischer Austenitisierung und isothermischer Umwandlung in der Perlitstufe: 15 min 880° C/420 s 700° C/H_2O

a) Gesamtgefüge. Ungelöste Karbide: M_6C, $M_{23}C_6$, Sp. VC; Ferrit, VC-Eutektoid F + K, $M_{23}C_6$-Eutektoid P

b) Ferrit, $M_{23}C_6$-Eutektoid P, z. T. an ungelöste $M_{23}C_6$-Karbide ankristallisiert

c) Ferrit, VC-Eutektoid F + K

Zur Bestimmung der Struktur dieser verschiedenen Karbidformen wurden Feinbereich-Elektronenbeugungen an Ausziehabdrucken durchgeführt. Die groben, lamellenartigen Bestandteile zeigten das Beugungsbild des $M_{23}C_6$-Karbides, während für die sehr feinen, fadenförmigen oder körnig ausgebildeten Kriställchen die intensitätsreichsten Linien des VC-Karbides beobachtet wurden. Ein Ausziehabdruck, der nach den Karbidformen zu urteilen auch ungelöste M_6C-Teilchen enthielt, zeigte auch in seinem Beugungsbild einige entsprechende Linien.

In Übereinstimmung mit diesen Ergebnissen wurden bei der röntgenografischen Strukturuntersuchung des elektrochemisch isolierten Rückstandes ebenfalls die Phasen $M_{23}C_6$ und M_6C gefunden. Das VC-Karbid konnte jedoch nicht nachgewiesen werden, vermutlich weil sein Mengenanteil zu klein war. Nach der Intensität der Beugungslinien überwiegt hier wie im weichgeglühten Zustand und im Gegensatz zum abgeschreckten Zustand wieder das $M_{23}C_6$-Karbid, scheinbar aber in etwas geringerem Maße. Dieses Ergebnis entspricht der Beobachtung am Gefüge, daß bei der Umwandlung in der Perlitstufe neben der kleinen Menge an VC-Karbiden hauptsächlich nur das lamellenartige $M_{23}C_6$-Karbid entsteht.

Einer Erklärung bedarf noch die voreutektoidische Bildung von Ferrit, da sie im Widerspruch zu der übereutektoidischen Zusammensetzung des Stahles steht. Die vorliegenden Beobachtungen deuten darauf hin, daß dieses widerspruchsvolle Verhalten mit den auf verschiedene Weise festgestellten Inhomogenitäten des

Austenits durch die unterschiedliche Auflösbarkeit der $M_{23}C_6$- und M_6C-Karbide zusammenhängt, entsprechend den einführenden Erläuterungen zur Abb. 1 über den Einfluß des Austenitisierungszustandes auf die Umwandlung in der Perlitstufe. Hierfür spricht zunächst die gefügemäßige Beobachtung in Abb. 7b, daß der Ferrit aus den Austenitbereichen entsteht, die nach den Anlaßerscheinungen des Martensits in Abb. 5b niedrige Gehalte an Kohlenstoff und Legierungselementen haben müssen, während das perlitartige Eutektoid in den Zonen mit den hohen Gehalten um die $M_{23}C_6$-Karbide gebildet wird. Weiterhin entspricht dieser Deutung, daß die Ferritmengen durch eine Erhöhung der Austenitisierungstemperatur nach Abb. 6 abnehmen, da mit der vermehrten Auflösung der $M_{23}C_6$-Karbide die sie umgebenden Zonen für die eutektoidische Umwandlung an Ausdehnung gewinnen.

Die eindeutige Bestätigung ist naturgemäß von einer isothermischen Umwandlung nach Erreichen des Gleichgewichtes bei der Austenitisierung zu erwarten. Deshalb wurde ein Versuch mit den gleichen Austenitisierungsbedingungen durchgeführt, die dem Abschreckgefüge in Abb. 5a zugrunde liegen und den Gleichgewichtszustand einstellen [56]. Für die Umwandlung in der Perlitstufe wurde in Übereinstimmung mit den Versuchen nach der kurzen Austenitisierungszeit von 15 min die Temperatur von 700° C gewählt. Die dabei angewendete Haltedauer von 420 sec reichte jedoch nicht zur vollständigen Umwandlung aus, sondern es waren erst 70% des Austenits zerfallen. Der Austenit ist nach der Gleichgewichtseinstellung im Vergleich zu dem Zustand unter technischen Bedingungen umwandlungsträger. Dies ist vor allem auf den höheren Legierungsgehalt durch die vollständigere Auflösung der Karbide zurückzuführen. Aus diesem Grunde wurde die Haltezeit von 420 auf 1800 sec verlängert.

Das unter diesen Bedingungen erzielte Gefüge ist in licht- und elektronenoptischer Vergrößerung in den Abb. 8a und b wiedergegeben. Als Veränderung gegenüber dem Gefüge nach technischer Austenitisierung (Abb. 7a–c) ist nach den lichtoptischen Aufnahmen zunächst festzustellen, daß der Anteil des dunkel er-

a) 1000:1

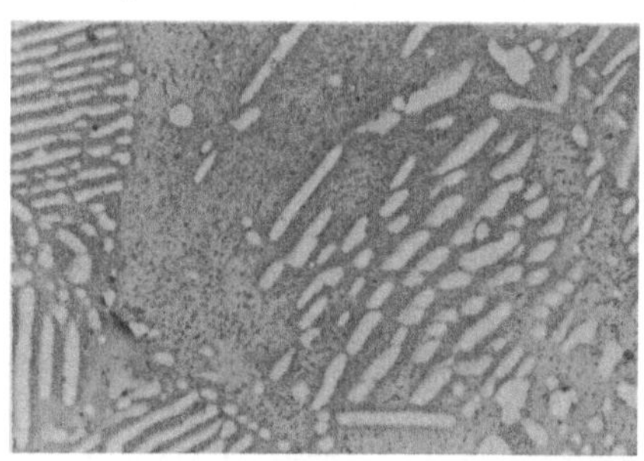

b) Ab-/Ausziehabdruck 7000:1

Abb. 8 Stahl 60 WCrV 7 (A) – Gefüge nach gleichgewichtsmäßiger Austenitisierung und isothermischer Umwandlung in der Perlitstufe: 17,5 h 880° C/1800 s 700° C/H_2O

a) Gesamtgefüge. Ungelöste Karbide: M_6C, VC (w); VC-Eutektoid F + K (hell), $M_{23}C_6$-Eutektoid P (dunkel)

b) VC-Eutektoid F + K, $M_{23}C_6$-Eutektoid P (lamellar)

scheinenden, perlitartigen Eutektoids auf Kosten des hellen Gefüges bis auf etwa 95% zugenommen hat. Zugleich ist die Struktur des Eutektoids gröber und dadurch der perlitartige Charakter deutlicher. Bei elektronenoptischer Vergrößerung in Abb. 8b stellt sich auf Grund der besseren Auflösung weiterhin heraus, daß die hellen Gefügeanteile nur aus dem sehr feinen Vanadinkarbid-Eutektoid bestehen und nicht auch noch voreutektoidischen Ferrit enthalten, wie nach der technischen Austenitisierung (Abb. 7a und b). Zwischen den beiden Eutektoiden ist auch unter den veränderten Voraussetzungen eine Übergangszone zu beobachten, in der die beiden Phasen VC und $M_{23}C_6$ nebeneinander zu erkennen sind. Durch die Einstellung des Gleichgewichtes wird demnach – wie erwartet – die anomale Bildung von voreutektoidischem Ferrit unterbunden, die unter technischen Bedingungen eintritt. Die Begründungen für diese Erscheinung sind damit als zutreffend erwiesen. Die Ergebnisse zeigen sehr eindrucksvoll die Bedeutung des Austenitisierungszustandes für den Aufbau des Umwandlungsgefüges.
Die Strukturbestimmungen schließen sich den vorhergehenden nach technischer Austenitisierung an. So zeigte das Beugungsbild des isolierten Rückstandes nur Linien der Karbide $M_{23}C_6$ und M_6C und keine Linien des VC-Karbides. Nach den Linienintensitäten erschien allerdings das Mengenverhältnis gegenüber dem nach technischer Austenitisierung weiter zugunsten des $M_{23}C_6$-Karbides verschoben. Das ist aber verständlich, da durch die Verlängerung der Austenitisierungszeit wesentlich mehr M_6C-Karbide in Lösung gebracht wurden. Nach ergänzenden Elektronenbeugungsaufnahmen an Ausziehabdrucken konnte die M_6C-Struktur nur für die ungelösten Restkarbide nachgewiesen werden, die $M_{23}C_6$-Struktur dagegen nur für die neugebildeten, eutektoidischen Karbide. Zum gleichen Ergebnis führt auch ein Vergleich der Abb. 8a und b mit den Abb. 5 und 7 hinsichtlich der Form der Karbidbestandteile und ihrer Anordnung im Gefüge. Diese Ergebnisse decken sich insoweit mit denen des abgeschreckten Zustandes nach der gleichgewichtsmäßigen Austenitisierung (Abb. 5a), als dabei an ungelösten Karbidbestandteilen neben einer kleinen Menge an VC-Kriställchen nur noch M_6C- und keine $M_{23}C_6$-Karbide mehr festgestellt werden konnten.

6.14 Umwandlung der Karbidbestandteile

Wenn die M_6C-Phase entsprechend den vorhergehenden Ergebnissen an dem Zerfall des Austenits in der Perlitstufe nicht beteiligt ist, kann als sehr wahrscheinlich angenommen werden, daß sie neben dem Ferrit im Gleichgewicht nicht beständig ist. Dementsprechend müßte sie sich auch als ungelöstes Restkarbid während und nach beendetem Austenitzerfall allmählich auflösen, vermutlich zugunsten des $M_{23}C_6$-Karbides. Diese Vermutungen wurden sowohl für den isothermisch umgewandelten als auch für den abgeschreckten Zustand nach technischer Austenitisierung durch die anschließende Wärmebehandlung von 200 h bei 750°C nachgeprüft.
Die hierbei entstandenen Glüh- und Anlaßgefüge sind in den Abb. 9a und b wiedergegeben. In beiden Fällen sind die Karbidbestandteile sehr stark eingeformt und zeigen keine bemerkenswerten Unterschiede. Ein Zusammenhang mit den betreffenden Ausgangszuständen in den Abb. 5b und 7 ist nicht mehr erkennbar.

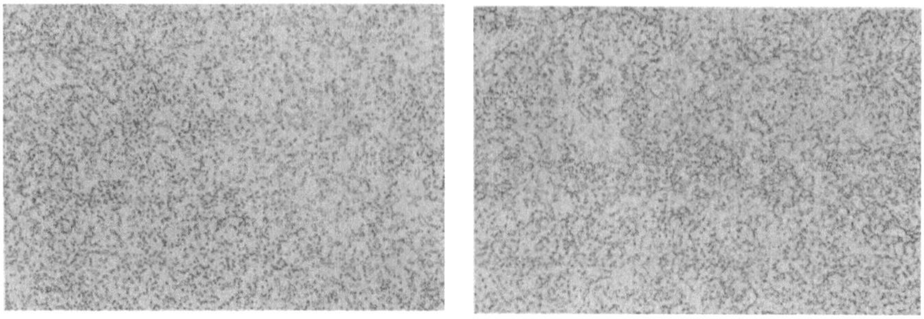

a) 350:1 b) 350:1

Abb. 9 Stahl 60 WCrV 7 (A) – Gefüge nach langzeitigem Glühen und Anlassen
a) 15 min 880° C/420 s 700° C/H_2O + 200 h 750° C/Luft
Ferrit, Karbide: $M_{23}C_6$, Sp. VC
b) 15 min 880° C/H_2O + 200 h 750° C/H_2O Ferrit, Karbide: $M_{23}C_6$, Sp. VC

Auch mit dem technisch weichgeglühten Anlieferungszustand in Abb. 4 besteht keine Übereinstimmung. Bei schwachen Vergrößerungen macht sich eine Zeiligkeit des Gefüges bemerkbar, die auf eine entsprechend ungleichmäßige Verteilung der Karbidteilchen – bedingt durch Kristallsteigerung – zurückzuführen ist.
Die röntgenografischen Untersuchungen der elektrolytisch isolierten Rückstände ergaben sowohl für den geglühten als auch für den angelassenen Zustand nur die Struktur des $M_{23}C_6$-Karbides. Die Struktur der M_6C-Phase, die in den betreffenden Ausgangszuständen neben sehr unterschiedlichen Mengen an $M_{23}C_6$-Karbiden als ungelöstes Restkarbid nachgewiesen wurde, konnte dagegen nicht mehr gefunden werden. Hierdurch sind die vorausgeschickten Annahmen über den Beständigkeitsbereich und die Umwandlung des M_6C-Karbides bestätigt. Zugleich ist damit auch der Befund gesichert, daß sich die M_6C-Karbide nicht bei der Umwandlung des Austenits in der Perlitstufe gebildet haben.
Über das Verhalten der VC-Karbide konnte kein Aufschluß gewonnen werden, da sie röntgenografisch in den vorliegenden nachbehandelten Zuständen ebensowenig zu erfassen sind wie in den entsprechenden Ausgangszuständen. Auf eine Feinbereichbeugung im Elektronenmikroskop an einem Ausziehabdruck wurde aber wegen des großen Aufwandes bei der kleinen Menge verzichtet.

6.15 Chemische Zusammensetzung und Menge der Karbidbestandteile

Um die Kenntnisse über die Vorgänge bei der Bildung und Umwandlung der Karbidphasen aus den Untersuchungen der Gefüge und Kristallstrukturen durch die Mikroanalyse der isolierten Rückstände zu vervollständigen, wurden alle hierfür wesentlichen Wärmebehandlungen berücksichtigt. In Tab. 4 sind die betreffenden Bedingungen für alle Stähle zusammengefaßt. Die Beschreibung der Ergebnisse wird dadurch vereinfacht, daß für die verschiedenen Wärmebehandlungsarten folgende Kurzzeichen eingeführt werden:

»GW« für das Weichglühen,
»HW« für das Abschrecken in Wasser nach der Austenitisierung,
»GP« für die isothermische Umwandlung in der Perlitstufe,
»A« für das Anlassen.

Unterschiedliche Bedingungen für dieselbe Wärmebehandlungsart beim gleichen Stahl werden durch Ziffern gekennzeichnet.
Den Ergebnissen der mikroanalytischen Untersuchungen sind einige allgemeine Hinweise vorauszuschicken. Es ist ein grundsätzlicher Mangel des Isolierungsverfahrens, daß der in der Grundmasse gelöste Kohlenstoffanteil nicht von dem Elektrolyten aufgenommen wird, sondern in feinverteilter Form in den Rückstand gelangt. Bei der Analyse besteht noch keine Möglichkeit, diesen Kohlenstoffanteil gesondert zu bestimmen. Aus dem isolierten Rückstand ergibt sich daher für die Karbidbestandteile eine zu große Menge und ein zu hoher Kohlenstoffgehalt.

Bei ferritischer Grundmasse können diese Abweichungen vernachlässigt werden, da der gelöste Kohlenstoffanteil im Ferrit klein ist im Vergleich zu dem gebundenen im Karbid. Bei martensitischer Grundmasse nehmen jedoch die Abweichungen in dem Maße zu, wie mit fortschreitender Auflösung der Karbidbestandteile der durch die Unterkühlung zwangsweise gelöste Kohlenstoffanteil ansteigt. Zur Bestimmung der tatsächlichen Karbidzusammensetzung und -menge wird in diesen Fällen bei der Auswertung ein rechnerisches Verfahren zur Ermittlung des in den Karbidphasen gebundenen Kohlenstoffanteils angewendet. Hierbei wird der analytisch gefundene Metallgehalt des Isolates zugrunde gelegt. Aus den ebenfalls bestimmten Karbidstrukturen wird die von diesem Metallgehalt stöchiometrisch gebundene Kohlenstoffmenge berechnet und als Gehalt der Karbidbestandteile im Isolat eingesetzt. Der Unterschied zwischen diesem Gehalt und dem analytisch bestimmten Kohlenstoffgehalt ist dann der in der Grundmasse gelöste Anteil.
Wenn verschiedene Karbidstrukturen nebeneinander vorliegen, von denen weder die Mengenverhältnisse noch die Verteilung der im Rückstand nachgewiesenen Legierungsmetalle, d. h. die Zusammensetzungen, bekannt sind, kann diese Berechnung nur in Form einer Abschätzung durchgeführt werden. In diesen Fällen werden im Rahmen der bekannten Löslichkeitsverhältnisse der Karbidphasen [94–96] (vgl. Tab. 18) Annahmen über ihre Zusammensetzung gemacht. Der sich hieraus ergebende Fehler ist geringfügig, solange eine Karbidphase oder Phasen mit ähnlichen Atomverhältnissen der Legierungsmetalle zum Kohlenstoff, wie z.B. die Karbide $M_{23}C_6$ und M_6C, mengenmäßig überwiegen.
Aus den berechneten Werten läßt sich die *chemische Zusammensetzung der Karbidbestandteile* im Isolat ermitteln, indem die Summe aller Legierungsbestandteile zuzüglich der gebundenen Kohlenstoffmenge auf 100 Atome bzw. Gramm bezogen wird. Die *Karbidmenge* ergibt sich als Differenz zwischen der gefundenen Isolatmenge und dem Anteil des gelösten Kohlenstoffs, der hierbei auf 100 g Stahl zu beziehen ist.
Die folgenden Angaben über die Zusammensetzung und Menge der Isolate beziehen sich immer auf den gesamten Rückstand, d. h. die Karbidbestandteile einschließlich der im Ferrit gelösten Kohlenstoffmenge. Nur bei den *abgeschreckten*

Zuständen werden *zusätzlich* die Zusammensetzung und Menge des karbidischen Anteils im Isolat angeführt, die nach dem beschriebenen Verfahren rechnerisch ermittelt wurden.
Von der Gesamtanalyse werden immer nur die Gehalte an den für die Karbidbildung wesentlichen Elementen Kohlenstoff, Chrom, Molybdän, Wolfram, Vanadin und Eisen erwähnt. Sie werden entsprechend den üblichen Konzentrationsangaben in Gewichtsprozenten, in Ergänzung dazu aber auch in Atomprozenten ausgedrückt.
Die Werte in *Atomprozenten* sind immer nur auf 100 Atome der vorstehend bezeichneten Elemente bezogen. Diese Werte eignen sich besonders für die Erörterung der Analysenergebnisse im Zusammenhang mit den gebildeten Karbidstrukturen und deren Umwandlungen, da sie sich sofort auf die stöchiometrischen Formeln der betreffenden Phasen beziehen lassen.
Die Werte in *Gewichtsprozenten* sind sowohl auf 100 g Isolat als auch auf 100 g Stahl berechnet. Die letzteren Gehalte geben unmittelbar an, welche Anteile von den im Stahl insgesamt enthaltenen Legierungselementen auf die Karbidphasen entfallen. Die Reste entsprechen dann zwangsläufig den in der Grundmasse gelösten Anteilen. Daraus kann unter Bezugnahme auf 100 g Grundmasse deren chemische Zusammensetzung in Gewichtsprozenten berechnet werden. Zur Bestätigung dieser berechneten Werte wäre eine zusätzliche, mikroanalytische Untersuchung des Elektrolyten erforderlich gewesen.
Für den Kohlenstoff ist eine Bestimmung seiner Verteilung auf die Karbidphasen und die Grundmasse auf diesem unmittelbaren Wege nicht möglich, da er nach dem Vorhergehenden vollständig in den Rückstand übergeht. Die mögliche, näherungsweise Berechnung ist weiter oben angegeben.
Die Umrechnung der Legierungsgehalte des Isolates auf 100 g Stahl ermöglicht auch eine Kontrolle der Analysenergebenisse, indem die Werte die betreffenden Gehalte des Stahles im Rahmen der analytischen Fehlergrenze nicht überschreiten dürfen. In der Regel müssen sie nach Maßgabe der Verteilungsverhältnisse zwischen den Karbidphasen und der Grundmasse darunter liegen. Sind diese Bedingungen nicht erfüllt, so kann daraus entweder auf Fehler bei der Isolierung oder Mikroanalyse geschlossen werden oder auch auf Seigerungen im Stahl. Die kritische Überprüfung der Analysenergebnisse nach diesen Richtungen ist die Voraussetzung für jede weitere Erörterung und Auswertung.
Zu diesen kritischen Betrachtungen gehört auch die Überprüfung der experimentellen Analysensumme aller Elemente. Diese liegt manchmal wesentlich unter dem Sollwert von 100 Gewichtsprozenten. Die auftretenden Differenzen erreichen Werte zwischen 10 und 15%, vereinzelt auch von 20 und 30%. Bezeichnenderweise treten diese Differenzen immer dann auf, wenn die Isolate größere Mengen an sehr feinverteilten Karbidkriställchen oder an amorphem Kohlenstoff aus der martensitischen Grundmasse enthalten. Die feinen Teilchen sind sehr oberflächenaktiv und adsorbieren daher gewisse Mengen an Feuchtigkeit und Gasen. Diese lassen sich aber durch die üblichen mikrochemischen Verfahren nicht bestimmen, so daß in der Gesamtanalysensumme Unterschreitungen bis zu 20% auftreten können. Bei diesen Zusammenhängen ist es aber zulässig, die betreffenden Analysenergebnisse durch Umrechnung auf 100 Gewichtsprozente zu korrigieren.

Tab. 4 Wärmebehandlungen der Versuchswerkstoffe für die mikroanalytischen Untersuchungen der Ka

		Wärmebehandlun	
Kurz- bez.	60 WCrV 7 (Schmelze A)	45 CrVMoW 5 8 (Schmelze C)	
GW_0	nach St.-E.-Wbl. 200–59	nach St.-E.-Wbl. 250–59	na
HW_1 HW_2	15 min 880° C/H_2O 17,5 h 880° C/H_2O	15 min 1050° C/H_2O —	15 mir —
GP_1 GP_2 GP_3	15 min 880° C/ 420 s 700° C/H_2O 17,5 h 880° C/1800 s 700° C/H_2O —	15 min 1050° C/3000 s 685° C/H_2O — —	15 mir 15 mir 15 min
GW_1	15 min 880° C/ 420 s 700° C/H_2O +200 h 750° C/Luft	15 min 1050° C/3000 s 685° C/H_2O +200 h 750° C/Luft	15 min +200
GW_2	—	—	—
A_1 A_2	— 15 min 880° C/H_2O +200 h 750° C/H_2O	— 15 min 1050° C/H_2O +200 h 750° C/H_2O	— 15 min +200

	ür den Werkstoff	
1	10 CrMo 9 10 (Schmelze E)	X 30 WCrV 9 3 (Schmelze F)
0–59	30 min 980° C/Öl + 2 h 700° C/Luft	nach St.-E.-Wbl. 250–59
 ——	10 min 980° C/H_2O ——	15 min 1120° C/H_2O ——
730° C/H_2O 730° C/H_2O 730° C/H_2O	10 min 980° C/50000 s (14 h) 755° C/H_2O 10 min 980° C/50000 s (14 h) 685° C/H_2O ——	15 min 1120° C/9000 s 750° C/H_2O —— ——
730° C/H_2O —— 	10 min 980° C/50000 s (14 h) 755° C/H_2O + 200 h 750° C/Luft 10 min 980° C/50000 s (14 h) 685° C/H_2O + 200 h 750° C/Luft	15 min 1120° C/9000 s 750° C/H_2O + 200 h 750° C/Luft ——
——	10 min 980° C/H_2O + 2 h 750° C/H_2O 10 min 980° C/H_2O + 200 h 750° C/H_2O	—— 15 min 1120° C/H_2O + 200 h 750° C/H_2O

Tab. 5 *Menge und chemische Zusammensetzung der Isolierungsrückstände des Stahles* 60 WCrV 7 *(Schmelze A) in Gewichtsprozenten nach den Wärmebehandlungen in Tab. 4*

Wärmebehandlung (Tab. 4)	Chemische Zusammensetzung in Gew.-% bezogen auf das Isolat						Analysensumme in Gew.-%	Isolatmenge in Gew.-%	Chemische Zusammensetzung in Gew.-% bezogen auf den Stahl					
	C	Cr	Mo	W	V	Fe			C	Cr	Mo	W	V	Fe
GW_0	4,9	9,7	n. b.	15,6	2,0	62,8	97,7	11,17	0,55	1,09	n. b.	1,74	0,23	7,03
HW_1	10,5	8,5	0,5	28,9	2,3	41,4	88,0	5,35	0,56	0,46	0,03	1,55	0,12	2,22
HW_2	22,9	4,3	n. b.	36,7	5,4	19,7	70,6	2,30	0,53	0,10	n. b.	0,84	0,12	0,45
GP_1	5,2	7,8	0,2	14,3	1,3	65,6	100,9	11,51	0,60	0,90	0,02	1,64	0,15	7,54
GP_2	5,6	8,9	0,3	16,2	1,3	62,0	100,4	11,20	0,62	0,99	0,03	1,82	0,15	6,94
GW_1	5,6	8,9	0,5	14,7	1,7	65,2	97,6	10,45	0,59	0,93	0,05	1,54	0,18	6,82
A_2	5,7	7,7	n. b.	14,4	1,7	68,0	98,1	11,72	0,67	0,90	n. b.	1,69	0,20	7,97

Alle Angaben beziehen sich auf das gesamte Isolat.

n. b. = nicht bestimmt

Die Analysenergebnisse des Stahles 60 WCrV 7 für die Wärmebehandlungen der Tab. 4 sind in Gewichtsprozenten in Tab. 5 zusammengestellt. Die *Analysensummen* aller Elemente stimmen im allgemeinen gut mit dem Sollwert überein. Größere Abweichungen treten nur bei den abgeschreckten Zuständen HW_1 und HW_2 auf. Im letzten Falle liegt die Summe nicht mehr innerhalb der oben gekennzeichneten Fehlergrenze.

Ein Vergleich der *Einzelwerte* mit denen der Stahlanalyse in Tab. 1 zeigt, daß die Gehalte der Karbidbestandteile an Legierungsmetallen und Eisen bei allen Wärmebehandlungen die entsprechenden Gehalte des Stahles nicht überschreiten. Eine Ausnahme macht nur das Vanadin im weichgeglühten Anlieferungszustand GW_0 und im langzeitig angelassenen Zustand A_2, wobei allerdings im letzten Falle der Wert noch innerhalb der Fehlergrenzen der Analyse liegt. Im Gegensatz dazu sind die Werte für den Kohlenstoff größtenteils höher, als es nach dem Gehalt im Stahl möglich ist. Es konnte aber trotz sorgfältiger, teilweise mehrfacher Wiederholung der Isolierung und Analyse keine bessere Übereinstimmung erzielt werden. Nach den vorliegenden Erfahrungen dürften diese Fehlbestimmungen darauf zurückzuführen sein, daß beim Auswaschen des Isolates an der Oberfläche der Teilchen kleine Mengen von Alkohol und Äther adsorbiert werden.

Hinsichtlich der *Legierungsverteilung* geht aus der Tab. 5 hervor, daß sich mit Ausnahme der beiden martensitisch umgewandelten Austenitisierungszustände HW_1 und HW_2 die Sonderkarbide bildenden Legierungsmetalle entsprechend dem hohen Kohlenstoffgehalt des Stahles hauptsächlich in den Karbidbestandteilen befinden. Dies gilt vorzugsweise für die Elemente Vanadin und Wolfram, von deren Gesamtgehalt im Stahl durchschnittlich über 90% auf den Rückstand entfallen. Für Chrom beträgt dieser Anteil im Mittel nur etwa 75%. Über das Verhalten des Molybdäns ist wegen der geringen Menge und unvollständigen Bestimmung eine zuverlässige Aussage nicht möglich. Es wurde bereits darauf hingewiesen, daß die Verteilung des Kohlenstoffs nicht ohne zusätzliche Rechnung bestimmt werden kann.

Die Umrechnung der Rückstandsgehalte von Gewichtsprozenten nach Tab. 5 in Atomprozente ergibt die in Tab. 6 enthaltenen Werte, bezogen auf 100 Atome der aufgeführten Elemente. Für die Isolate der abgeschreckten Zustände HW_1 und HW_2 sind wegen ihrer beträchtlichen Gehalte an elementarem Kohlenstoff aus dem Martensit auch die rechnerisch ermittelten Zusammensetzungen der Karbidbestandteile angegeben. Die Werte unterscheiden sich sehr wesentlich von denen der Gesamtrückstände, vor allem beim Zustand HW_2 mit der kleineren Karbidmenge und dem entsprechend höheren freien C-Gehalt.

Die Röntgenbefunde an den Isolaten sind den Analysenwerten zum Vergleich gegenübergestellt.

Zur Erleichterung der Übersicht werden die Ergebnisse in Abb. 10 auch grafisch wiedergegeben. Hier sind die Menge und Zusammensetzung der Isolate bzw. Karbidbestandteile über den betreffenden Wärmebehandlungen aufgetragen. Aufeinanderfolgende Behandlungen sind von links nach rechts geordnet. Die Werte werden punktmäßig durch unterschiedliche Zeichen dargestellt und zwischen den verschiedenen Wärmebehandlungen durch Linien verbunden, damit die Ände-

Tab. 6 Struktur und Zusammensetzung (Atom-%) der Karbidbestandteile im Stahl 60 WCrV 7 *(Schmelze A) nach den Wärmebehandlungen in Tab. 4*

Wärmebehandlung (Tab. 4)	Struktur der Karbidbestandteile	Isolatmenge in Gew.-%	Chemische Zusammensetzung in Atom-%[3] bezogen auf das Isolat					
			C	Cr	Mo	W	V	Fe
GW_0	$M_{23}C_6$; M_6C; Sp. VC	11,17	22,1	10,1	n. b.	4,6	2,1	61,0
HW_1	M_6C; $M_{23}C_6$; Sp. VC	5,35	44,0	8,2	0,3	7,9	2,3	37,3
		4,98[1]	20,8[2]	11,6[2]	0,4[2]	11,2[2]	3,3[2]	52,7[2]
HW_2	M_6C; VC (w)	2,30	72,0	3,1	n. b.	7,5	4,0	13,3
		1,83[1]	22,3[2]	8,6[2]	n. b.	20,9[2]	11,1[2]	37,1[2]
GP_1	$M_{23}C_6$; M_6C; Sp. VC	11,51	23,2	8,1	0,1	4,2	1,4	63,0
GP_2	$M_{23}C_6$; M_6C; Sp. VC	11,20	25,0	9,2	0,2	4,7	1,4	59,5
GW_1	$M_{23}C_6$; Sp. VC	10,45	24,2	8,9	0,3	4,2	1,7	60,7
A_2	$M_{23}C_6$; Sp. VC; [α-Fe (sw)]	11,72	24,3	7,6	n. b.	4,0	1,7	62,4

w = wenig – sw = sehr wenig – Sp. = Spuren – n. b. = nicht bestimmt

[1] Karbidmenge nach Abzug des berechneten, gelösten Kohlenstoffgehaltes.
[2] Berechnete Zusammensetzung der Karbidbestandteile nach Abzug des gelösten Kohlenstoffgehaltes.
[3] Bezogen auf C + Cr + Mo + W + V + Fe = 100.

Alle Angaben beziehen sich auf das gesamte Isolat.

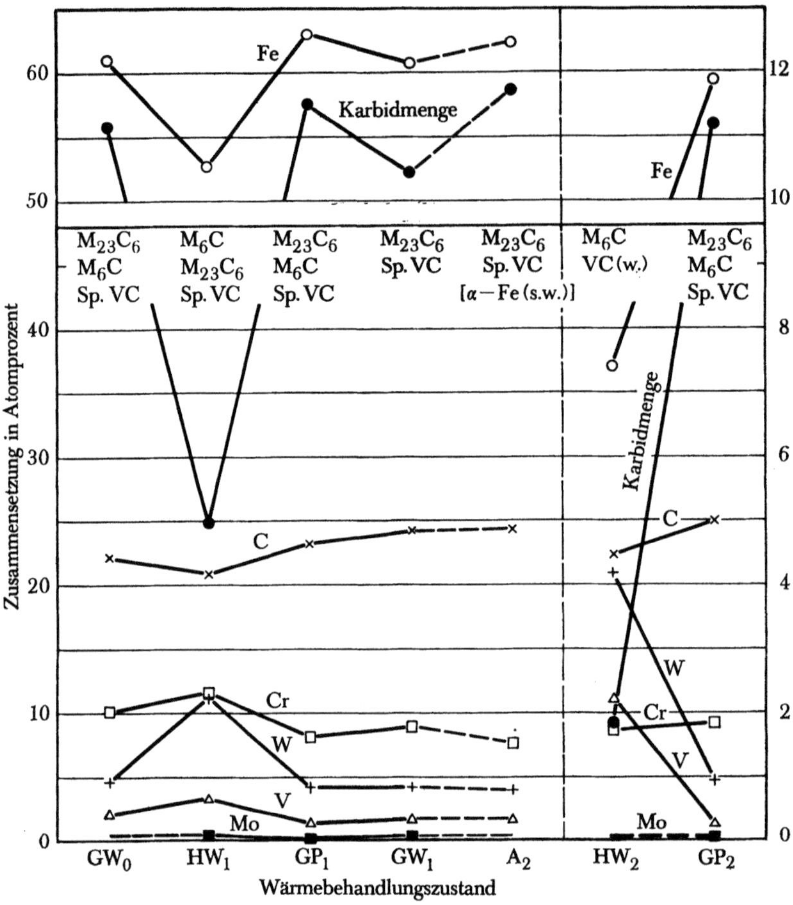

Abb. 10 Stahl 60 WCrV 7 (A) – Struktur, Menge und Zusammensetzung der Karbidphasen nach den in Tab. 4 angegebenen Wärmebehandlungen (Werte aus Tab. 6)
Atomprozente bezogen auf C + Cr + Mo + W + V + Fe = 100,
w = wenig, sw = sehr wenig, Sp = Spuren

rungen besser zu verfolgen sind. Die in den Rückständen nachgewiesenen Phasen sind über den betreffenden Wärmebehandlungen in der oberen Bildhälfte eingetragen.

Die Karbidmenge nimmt durch die beiden Austenitisierungsbehandlungen HW_1 und HW_2 (Tab. 4) gegenüber dem Ausgangszustand GW_0 stark ab. Die anschließenden isothermischen Umwandlungen GP_1 und GP_2 führen jedoch offensichtlich wieder zur Ausscheidung der in Lösung gegangenen Karbidteilchen, da im Rahmen der Fehlergrenze wieder die gleichen Mengen wie im weichgeglühten Ausgangszustand GW_0 erreicht werden. Die Glühung GW_1 im Anschluß an die isothermische Umwandlung bringt wieder eine geringfügige Abnahme mit sich.

Diese kann auf Grund der beobachteten Umwandlung des M_6C-Karbids in das $M_{23}C_6$-Karbid durch die damit verbundene Verringerung des Metall–Kohlenstoff-Verhältnisses erklärt werden. Bei gleichem Kohlenstoffangebot folgt daraus zwangsläufig eine Abnahme des Karbidgewichtes. Die Anlaßbehandlung A_2 führt zu einer etwas größeren Karbidmenge als die Glühung GW_1.
In der *chemischen Zusammensetzung* der Karbidphasen überwiegt der Gehalt an Eisen die Gehalte an den übrigen Elementen beträchtlich. Dabei ist bemerkenswert, daß die Änderung der Gehalte mit der Wärmebehandlung beim Eisen eine entgegengesetzte Tendenz zeigt wie bei den sonderkarbidbildenden Elementen, vornehmlich beim Wolfram und Vanadin. Dieses Verhalten hängt mit der Umkehrung im Mengenverhältnis der Karbide $M_{23}C_6$ und M_6C zusammen. So sind bei den abgeschreckten Zuständen HW_1 und HW_2 mit überwiegend M_6C-Karbiden im Rückstand die Gehalte an Eisen niedriger und die an Wolfram und Vanadin höher als bei allen übrigen Wärmebehandlungen mit überwiegend $M_{23}C_6$-Karbid.
Die Höhe des Eisengehaltes und seine Zunahme bei der Bildung von $M_{23}C_6$-Karbiden läßt, wie bereits nach der Stahlzusammensetzung (Tab. 1 und 2) vermutet, darauf schließen, daß es sich bei dieser Phase nicht um einen Mischkristall des stabilen binären Chromkarbids $Cr_{23}C_6$ handelt, sondern um das metastabile, ternäre Eisen–Wolfram(Molybdän)-Karbid $Fe_{21}W(Mo)_2C_6$. Dafür spricht auch der zu niedrige Gehalt an Chrom im Rückstand. Es besteht auch kein eindeutiger Zusammenhang zwischen den Änderungen des Chromgehaltes und den Karbidumwandlungen. Beispielsweise tritt bei der Umkehrung im Mengenverhältnis der Karbide $M_{23}C_6$ und M_6C zwischen den Behandlungen HW_1 und GP_1 eine Abnahme ein, zwischen den Behandlungen HW_2 und GP_2 dagegen eine geringfügige Zunahme, die jedoch noch als Analysenschwankung angesehen werden kann. Dieses Verhalten des Chroms kann damit erklärt werden, daß nicht nur das $M_{23}C_6$-Karbid, sondern auch das M_6C-Karbid eine sehr beträchtliche Löslichkeit für Chrom besitzt [96] (vgl. Tab. 18). Nach H. Krainer [94] kann das Atomverhältnis Cr : W den Wert von 0,67 in diesem Karbid erreichen.
Die beobachtete Umwandlung der M_6C-Karbide in $M_{23}C_6$-Karbide bei und nach dem Zerfall des Austenits sowie die Umkehrung dieser Karbidreaktion bei der Austenitisierung lassen auf eine peritektoidische Umsetzung schließen. Die Unvollständigkeit dieses Vorganges am Ende der Umwandlung in der Perlitstufe bestätigt die Erwartung, daß unter diesen Bedingungen noch kein Gleichgewicht erreicht wird. Dieses scheint im Ferritgebiet durch das $M_{23}C_6$-Karbid gekennzeichnet zu sein, von kleinen Mengen an VC-Karbiden abgesehen. Das würde bedeuten, daß das $M_{23}C_6$-Karbid durch Chrom stabilisiert wird. Diese auch von Kuo [96] ausgesprochene Vermutung wird noch durch die zusammenfassende Auswertung bestätigt.

6.16 Umwandlung der Karbidphasen bei der Auflösung

Die Umwandlung vom $M_{23}C_6$-Karbid zum M_6C-Karbid bei der Austenitbildung ist in einer Versuchsreihe in Abhängigkeit von der Temperatur im Bereich zwischen 750 und 1200° C bei einer konstanten Haltedauer von 20 min mit anschließender Abschreckung in Eiswasser verfolgt worden. Bei dieser Versuchsführung können zwar zunächst nur qualitative Aussagen gewonnen werden, da bei der kurzen Haltedauer auf Temperatur kein Gleichgewichtszustand erreicht wird. Sie hat aber den wesentlichen Vorteil, daß die Versuche in erträglichen Zeiten durchgeführt werden können.

Für die Versuche wurde die Schmelze B des Stahles 60 WCrV 7 (Tab. 1 und 2) verwendet. Die Wärmebehandlungen wurden an den Isolierungsproben durchgeführt. Die Struktur, Menge und Zusammensetzung der Karbidphasen wurde durch röntgenografische und mikroanalytische Untersuchung des elektrochemisch isolierten Rückstandes ermittelt. Ergänzend wurde das Gefüge durch lichtoptische Beobachtung geprüft.

Für die Auswertung der mikroanalytischen Ergebnisse im Hinblick auf die beobachteten Karbidumwandlungen war es wegen des freien Kohlenstoffs im Isolat zunächst notwendig, diesen Anteil von dem des gebundenen Kohlenstoffs auf dem bereits beschriebenen, rechnerischen Wege zu trennen. Das Ergebnis dieser Berechnung ist in Tab. 7 zusammen mit den Bedingungen der durchgeführten Wärmebehandlungen, den röntgenografisch nachgewiesenen Karbidstrukturen sowie den ermittelten Isolatmengen angegeben und in Abb. 11 grafisch aufgetragen. Die Kohlenstoffgehalte sind in Atomprozenten ausgedrückt, bezogen auf 100 Atome C_{ges}, Cr, Mo, W, V und Fe im Rückstand. Die Isolat- und Karbidmengen sind wie im vorhergehenden in Gewichtsprozenten angegeben, bezogen auf den Stahl.

Die *Karbidmenge* nimmt nach Abb. 11 schon unterhalb der Ac_{1b}-Temperatur von 765° C – dem Beginn der Austenitbildung – geringfügig ab. Bei Verlängerung der Haltedauer tritt die Abnahme noch wesentlich deutlicher in Erscheinung, wie aus den eingezeichneten Werten für die Isolat- und Karbidmenge nach der langzeitigen Glühung von 200 h bei 750° C zu entnehmen ist. Dieses Ergebnis ist nur zum Teil auf die mit der Temperatur zunehmende Löslichkeit des Ferrits für die Karbidphasen zurückzuführen. Wie in den beiden vorhergehenden Abschnitten nachgewiesen wurde, findet in dem betrachteten Temperaturbereich auch die Umwandlung des M_6C-Karbids in das $M_{23}C_6$-Karbid statt (Tab. 6 und 7; Abb. 10). Dieser Vorgang ist bei dem nach Abb. 11 gleichbleibenden Kohlenstoffangebot ebenfalls mit einer Abnahme der Karbidmenge verbunden, da das Metall–Kohlenstoff-Verhältnis im $M_{23}C_6$-Karbid niedriger ist als im M_6C-Karbid.

Bei den Temperaturen der α–γ-Umwandlung zwischen 765° C (Ac_{1b}) und 807° C (Ac_{1e}) schreitet die Verringerung der Karbidmenge wegen der erhöhten Löslichkeit im Austenit sehr schnell weiter fort. Daran anschließend tritt dann aber eine sehr deutliche Verzögerung ein, die bereits kurz unterhalb der Ac_{1e}-Temperatur einzusetzen scheint und sich bis etwa 850° C erstreckt. In den Röntgenbildern der betreffenden Rückstände ist festzustellen, daß die Linienintensität für das M_6C-Karbid zunimmt, für das $M_{23}C_6$-Karbid dagegen abnimmt. Demzufolge läßt sich die Verzögerung in der Abnahme der Karbidmenge mit der Richtungsumkehr in der Karbidumwandlung vom $M_{23}C_6$- zum M_6C-Karbid im Austenitgebiet erklären. Das M_6C-Karbid führt wegen seines höheren Metall–Kohlenstoff-Verhältnisses bei dem annähernd gleichbleibenden, gebundenen Kohlenstoffgehalt

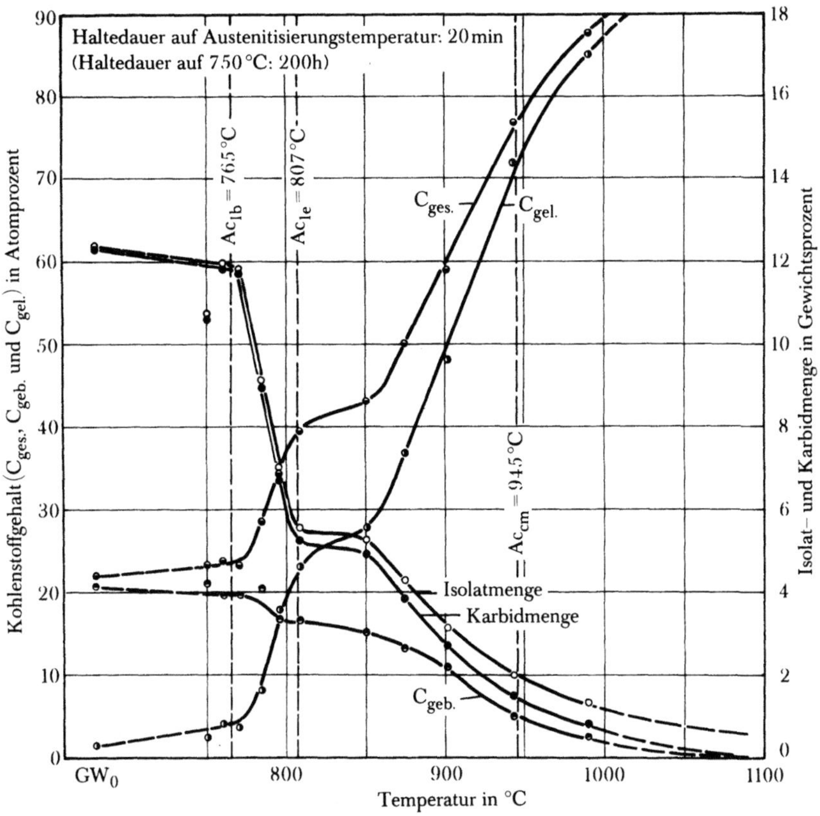

Abb. 11 Stahl 60 WCrV 7 (B) – Menge des Isolates und dessen Gehalt an Karbiden und Kohlenstoff in Abhängigkeit von der Temperatur
(Werte aus Tab. 7)
Atomprozent bezogen auf das Isolat

(Abb. 11) zu einer größeren Karbidmenge als das $M_{23}C_6$-Karbid. Dadurch wird die Auflösung der Karbide teilweise kompensiert.

Oberhalb 850° C nimmt die Karbidmenge entsprechend der Löslichkeitszunahme des γ-Mischkristalls wieder stärker ab, so daß die Umsetzung zu M_6C-Karbiden in diesem Bereich im wesentlichen als abgeschlossen angesehen werden kann. Nach diesen Ergebnissen wird also der Kurvenverlauf für die Menge der Karbidbestandteile nicht allein durch ihre Auflösung, sondern zum Teil auch durch ihre Umwandlung bestimmt. Dies gilt im vorliegenden Falle insbesondere für die Temperaturbereiche kurz unterhalb und oberhalb der polymorphen Umwandlung des Eisens.

Durch die *Kohlenstoffkurven* in Abb. 11 wird anschaulich beschrieben, wie mit zunehmender Auflösung der Karbide der darin *gebundene* Kohlenstoffanteil zugunsten des in der Grundmasse *gelösten* Kohlenstoffanteils abfällt. Mit dem gelösten Anteil steigt zwangsläufig auch der im Isolat analytisch gefundene *Gesamtkohlenstoff-*

Tab. 7 Einfluß der Wärmebehandlung auf die Menge des Isolats, dessen Gehalt an Karbiden und Kohlenstoff und die Struktur der Karbidbestandteile beim Stahl 60 WCrV 7 *(Schmelze B)*

Wärmebehandlungen		Karbidstrukturen	Isolatmenge in Gew.-%	Karbidmenge in Gew.-%	Kohlenstoffgehalt in Atom-% bezogen auf das Isolat		
Kurzbez.	Bedingungen				gesamt	gebunden	gelöst
GW_0	weichgeglüht [106]	$M_{23}C_6$; M_6C; (Sp. VC)	12,34	12,30	22,0	20,6	1,4
GW_1	15 min 880° C/15 min 700° C/H_2O + 200 h 750° C/H_2O	$M_{23}C_6$; (Sp. VC)	10,70	10,64	23,3	21,0	2,3
HW_1	20 min 760° C/H_2O	$M_{23}C_6$; M_6C; (Sp. VC)	11,93	11,82	23,7	19,6	4,1
HW_2	20 min 770° C/H_2O	$M_{23}C_6$; M_6C; (Sp. VC)	11,82	11,72	23,2	19,6	3,6
HW_3	20 min 784° C/H_2O	$M_{23}C_6$; M_6C; (Sp. VC)	9,12	8,94	28,5	20,4	8,1
HW_4	20 min 795° C/H_2O	$M_{23}C_6$; M_6C; (Sp. VC)	6,98	6,67	34,4	16,6	17,8
HW_5	20 min 808° C/H_2O	$M_{23}C_6$; M_6C; (Sp. VC)	5,56	5,23	39,4	16,3	23,1
HW_6	20 min 850° C/H_2O	$M_{23}C_6$; M_6C; (Sp. VC)	5,27	4,90	43,0	15,1	27,9
HW_7	20 min 874° C/H_2O	M_6C; $M_{23}C_6$; (Sp. VC)	4,26	3,84	50,0	13,2	36,8
HW_8	20 min 901° C/H_2O	M_6C; $M_{23}C_6$; (Sp. VC)	3,12	2,69	58,9	10,8	48,1
HW_9	20 min 943° C/H_2O	M_6C; (Sp. VC)	1,97	1,46	76,7	4,9	71,8
HW_{10}	20 min 990° C/H_2O	M_6C; (Sp. VC)	1,32	0,80	87,7	2,6	85,1
HW_{11}	20 min 1190° C/H_2O	keine Karbide	1,01	–	94,6	–	94,6

gehalt, da sich das Verhältnis der Kohlenstoffatome zur Summe der Metallatome zu entsprechend höheren Werten verschiebt. Der Verlauf der Kurven gibt unmittelbar einen Eindruck davon, in welchem Maße die Analysenergebnisse durch die Anwesenheit des freien Kohlenstoffs im Rückstand beeinflußt werden können, so daß sie keine Aussage über die Zusammensetzung der karbidischen Bestandteile mehr zulassen.

Die Temperaturabhängigkeit der Kohlenstoffgehalte in Abb. 11 wird zwangsläufig auch durch die Umwandlungen der Karbidphasen mitbestimmt. So ist entsprechend den vorstehenden Überlegungen der Anstieg des Gesamtkohlenstoffgehaltes unterhalb der Ac_{1b}-Temperatur nicht allein durch die zunehmende Löslichkeit des Ferrits bedingt, sondern auch durch die Umwandlung der kohlenstoffärmeren M_6C-Phase in die kohlenstoffreichere $M_{23}C_6$-Phase. Bei der Umkehrung dieses Vorganges oberhalb der Ac_{1e}-Temperatur erfährt dementsprechend die Zunahme des Gesamtkohlenstoffgehaltes eine Verzögerung.

Die Zusammensetzung der Karbidbestandteile im Rückstand ist für die verschiedenen Wärmebehandlungszustände in Tab. 8 wiedergegeben. Sie wurde wie im vorhergehenden aus den experimentellen Werten durch Abzug des berechneten gelösten Kohlenstoffgehaltes und Umrechnung der danach verbleibenden Ana-

Tab. 8 Chemische Zusammensetzung der Karbidrückstände des Stahles 60 WCrV 7 *(Schmelze B) in Atomprozenten für die Wärmebehandlungen in Tab. 7*

Wärmebehandlung (Tab. 7)		Chemische Zusammensetzung in Atom-%[1] bezogen auf die Karbidbestandteile					
Kurz-bezeichnung	Temperatur in °C	$C_{geb.}$	Cr	Mo	W	V	Fe
GW_0	710–750	20,9	10,9	1,1	5,6	2,0	59,5
GW_1	750	21,5	9,8	0,8	4,3	1,3	62,3
HW_1	760	20,5	10,2	0,8	5,3	1,0	62,2
HW_2	770	20,4	10,1	0,8	5,1	1,0	62,6
HW_3	784	22,2	10,2	0,9	4,9	4,0	57,8
HW_4	795	20,2	11,5	1,1	6,8	1,1	59,3
HW_5	808	21,2	12,5	0,8	8,6	3,4	53,5
HW_6	850	20,9	12,1	1,7	11,6	3,7	50,0
HW_7	874	21,0	12,2	2,1	13,5	4,4	46,8
HW_8	901	20,8	10,0	2,9	17,9	5,4	43,0
HW_9	943	17,4	4,3	4,6	31,2	4,3	38,2
HW_{10}	990	17,4	4,7	4,7	34,2	4,7	34,2
HW_{11}	1190	—	—	—	—	—	—

[1] Berechnete Zusammensetzung der Karbidbestandteile nach Abzug des gelösten Kohlenstoffgehaltes (vgl. Tab. 7), bezogen auf $C_{geb.} + Cr + Mo + W + V + Fe = 100$.

lysensumme auf 100 Atome Kohlenstoff, Chrom, Molybdän, Wolfram, Vanadin und Eisen gewonnen. Zur besseren Übersicht sind die Ergebnisse in Abb. 12 grafisch aufgetragen und durch Angabe der röntgenografisch ermittelten Karbidstrukturen (Tab. 7) am oberen Bildrand ergänzt. Die Umwandlung der Karbidphasen muß sich nach den Ergebnissen an der Schmelze A (Abb. 10) besonders in der Änderung des Eisen- und Wolframgehaltes in charakteristischer Weise ausprägen, so daß auf diese Elemente das Hauptaugenmerk gerichtet werden soll. Unterhalb der α–γ-Umwandlung bis kurz oberhalb der Ac_{1b}-Temperatur nimmt der Gehalt an Eisen zu und der an Wolfram ab. Dies entspricht in Übereinstimmung mit dem Röntgenbefund der Umwandlung der M_6C-Karbide in $M_{23}C_6$-Karbide. Zwischen 775 und 780° C kehrt sich dann die Änderung der Gehalte um. Es muß daher angenommen werden, daß hier der *Beginn* für die röntgenografisch

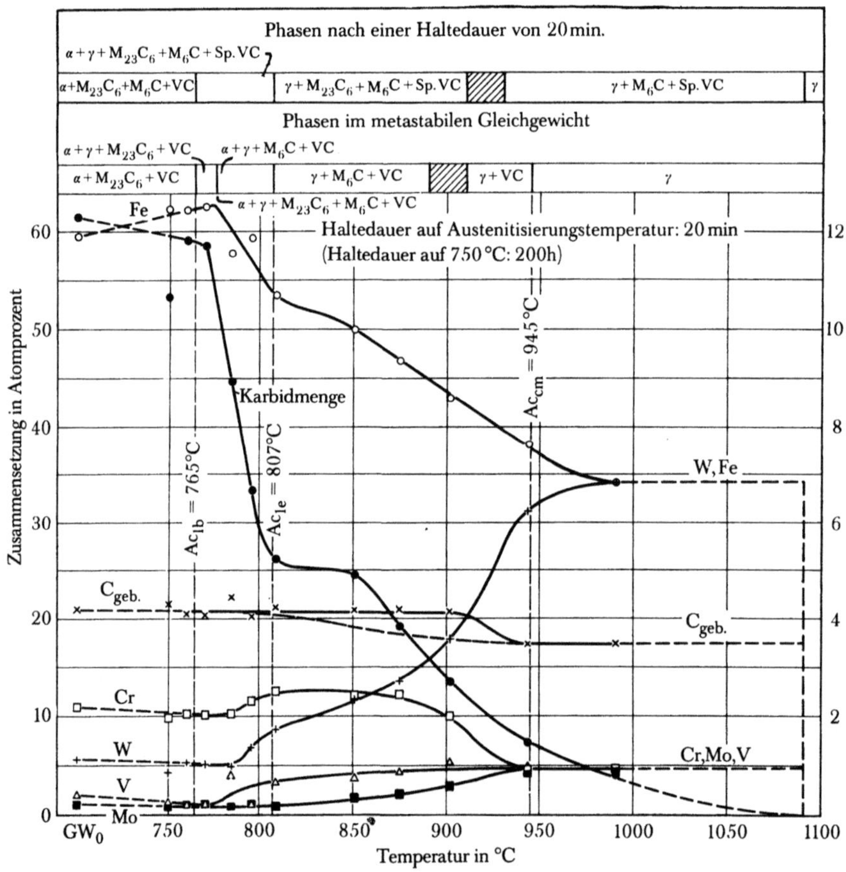

Abb. 12 Stahl 60 WCrV 7 (B) – Struktur, Menge und Zusammensetzung der Karbidphasen in Abhängigkeit von der Temperatur
(Werte aus den Tab. 7 und 8)
Atomprozent bezogen auf $C_{geb} + Cr + Mo + W + V + Fe = 100$

nachgewiesene Richtungsumkehr in der Karbidreaktion vom $M_{23}C_6$-Karbid zum M_6C-Karbid liegt. Mit weiterer Steigerung der Temperatur findet dann entsprechend der in dieser Richtung fortschreitenden Umwandlung eine weitere Abnahme des Eisengehaltes und eine Zunahme des Wolframgehaltes statt. Bei der Temperatur von 943° C, bei der röntgenografisch nur noch die M_6C-Phase neben kleinen Mengen an VC-Karbid gefunden wurde, liegt der Eisengehalt nur noch 7% höher als der Wolframgehalt gegenüber einer Differenz von nahezu 60% zu Anfang des Vorganges. Durch weitere Erhöhung der Temperatur bis auf 990° C gleichen sich die Werte für Eisen und Wolfram an. Das Atomverhältnis Fe : W erreicht also hier den Wert 1, der der idealen stöchiometrischen Zusammensetzung Fe_3W_3C des M_6C-Karbides entspricht.
Die Vanadin- und Molybdängehalte ändern sich mit der Temperatur in Übereinstimmung mit den Ergebnissen an der Schmelze A (Abb. 10) im gleichen Sinne wie der Wolframgehalt. Dies gilt bis etwa 825° C auch für den Chromgehalt. Darüber hinaus tritt jedoch wie beim Eisen ein Abfall ein. Das Chrom erweist sich also auch hier wie bei der Schmelze A als wenig charakteristisch für die Karbidumwandlungen. Die Temperaturabhängigkeit gibt zugleich eine Erklärung für sein Verhalten bei den Wärmebehandlungen der Schmelze A.
Der berechnete Kohlenstoffgehalt, der durch die ausgezogene Kurve wiedergegeben wird, wird dem Ansatz des beschriebenen Berechnungsverfahrens zufolge bis 900° C im wesentlichen durch den Gehalt des $M_{23}C_6$-Karbides bestimmt, darüber hinaus durch den des M_6C-Karbides. Somit entspricht der Kurvenverlauf im Temperaturbereich der Umwandlung und Auflösung des $M_{23}C_6$-Karbides zwischen etwa 775 und 900° C sehr wahrscheinlich nicht ganz den tatsächlichen Verhältnissen. Diese dürften in besserer Annäherung durch den gestrichelt gezeichneten Verlauf zu beschrieben sein.
Zusammenfassend läßt sich aus diesen Ergebnissen, wie bereits vermutet, das Reaktionsschema einer peritektoidischen Umsetzung in einem metastabilen Gleichgewichtssystem ableiten. Die Phasenräume, die in diesem System in Abhängigkeit von der Temperatur von der vorliegenden Schmelze durchschritten werden, sind am oberen Bildrand in der zweiten Zeile wiedergegeben. Die peritektoidische Umsetzung der Karbidphasen findet danach bei etwa 775° C statt.
Wenn die isothermische Umwandlung des Austenits in der Perlitstufe zeitlich in gleicher Reihenfolge vor sich gehen würde wie nach dem Zustandsdiagramm mit sinkender Temperatur, müßte der Zerfallsvorgang mit der Bildung von Ferrit und dem M_6C-Karbid beginnen. Im Anschluß daran sollte die peritektoidische Umsetzung unter Auflösung der zuerst entstandenen M_6C-Phase und Ausscheidung der $M_{23}C_6$-Phase stattfinden. Der restliche Austenit müßte danach in Ferrit und das $M_{23}C_6$-Karbid zerfallen. Die Ergebnisse zeigen jedoch, daß dieser Umweg vermieden wird und der Austenit unmittelbar nach der zuletzt genannten Reaktion zerfällt. Es ist hierbei noch eine offene Frage, ob dieses Verhalten peritektoidischer Reaktionen bei isothermischer Umwandlung zu verallgemeinern ist.

6.2 Stahl 45 CrVMoW 5 8

6.21 Chemische Zusammensetzung und Anlieferungszustand

Der Stahl 45 CrVMoW 5 8 ist ein Warmarbeitsstahl [105] aus der Gruppe der Chrom–Molybdän–Vanadin-Stähle mit einem Zusatz an Wolfram (Stähle Nr. 38 bis 41 nach Abb. 3 und Tab. 3). Stähle mit dieser Legierungsbasis sind wie die Chrom–Wolfram–Vanadin-Stähle, zu denen der vorhergehende Stahl 60 WCrV 7 gehört, in allen vier Stahlgruppen der Tab. 3 vertreten. In der Richtanalyse [105] werden für den Stahl 45 CrVMoW 5 8 (Stahl 38 in Abb. 3) Gehalte von 0,45% C, 1,5% Cr, 0,5% Mo, 0,8% V und 0,5% W angegeben. Verglichen mit den anderen Warmarbeitsstählen liegt der Gehalt an Vanadin an der oberen Grenze, die der übrigen Legierungselemente dagegen an der unteren. Die Atomverhältnisse Cr : C und (Mo + W) : C sind dementsprechend niedrig (Abb. 3). Mit dem Warmarbeitsstahl 45 CrMoV 6 7 (Stahl 41 in Abb. 3) besteht annähernd Übereinstimmung in den Verhältniswerten. Dies gilt für das (Mo+W):C-Verhältnis auch für den Stahl 60 WCrV 7 (Stahl 6 in Abb. 3), wobei jedoch zu berücksichtigen ist, daß dieser kein Molybdän enthält [106] (Tab. 1). Das Cr:C-Verhältnis ist jedoch beim Stahl 45 CrVMoW 5 8 höher.

Die Zusammensetzung der untersuchten Schmelze C und die Atomverhältniswerte sind in den Tab. 1 und 2 angegeben. Die Legierungsgehalte entsprechen der Richtanalyse, der Kohlenstoffgehalt ist geringfügig unterschritten. Dadurch ist die Lage der Schmelze C in Abb. 3 gegenüber der des betreffenden Stahles 38 etwas verschoben.

Die Schmelze C wurde für die Versuche im weichgeglühten Zustand angeliefert. Das Gefüge zeigt bei schwachen Vergrößerungen wie in Abb. 13a eine stark ausgeprägte Zeiligkeit, die nach der höheren Vergrößerung in Abb. 13b durch eine Anhäufung grober unregelmäßig geformter Karbidbestandteile verursacht wird. Neben diesen groben Bestandteilen treten auch sehr kleine Karbidteilchen auf, die verhältnismäßig gleichmäßig in der Grundmasse verteilt sind.

Nach der Strukturuntersuchung des isolierten Rückstandes liegt als Karbidphase hauptsächlich das $M_{23}C_6$-Karbid neben kleinen Mengen VC-Karbid vor. Die Zusammensetzung des Stahles läßt vermuten, daß es sich bei dem $M_{23}C_6$-Karbid

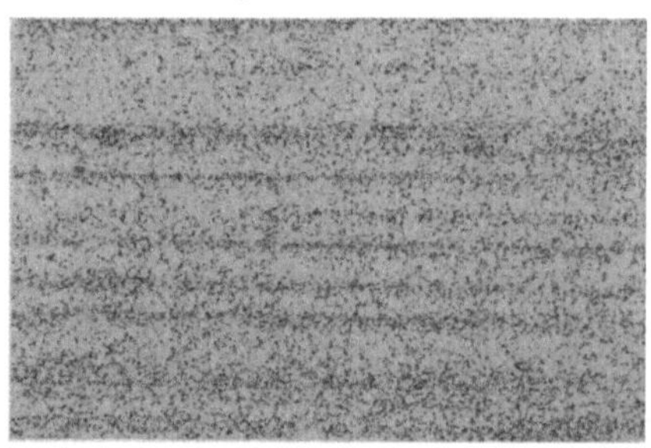

a) 70:1

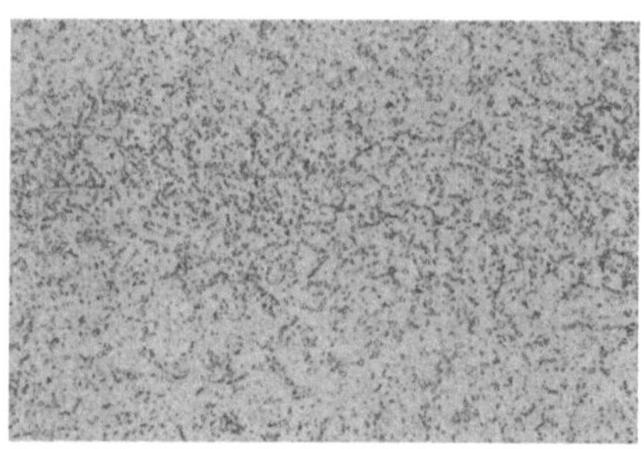

b) 350:1

Abb. 13 Stahl 45 CrVMoW 5 8 (C) – Gefüge im weichgeglühten Ausgangszustand [105]
a) Ferrit, Karbidzeilen
b) Ferrit, Karbide: $M_{23}C_6$, VC (sw)

wie beim Stahl 60 WCrV 7 um die ternäre Phase $Fe_{21}(Mo, W)_2C_6$ handelt. Die Bestätigung hierfür ist von der Karbidanalyse zu erwarten. Die Gegenwart von M_6C-Karbiden konnte bei dieser Legierung im Gegensatz zum Stahl 60 WCrV 7 nicht nachgewiesen werden.

6.22 Austenitisierungszustand

Der Stahl 45 CrVMoW 5 8 ist wie der Stahl 60 WCrV 7 eine übereutektoidische Legierung. Die Austenitbildung vollzieht sich bei der untersuchten Schmelze C zwischen 790°C (Ac_{1b}) und 900°C (Ac_{1e}). Die technische Austenitisierung wird in üblicher Weise im Zweiphasengebiet Austenit + Karbid bei Temperaturen zwischen 1000 und 1050°C durchgeführt. Eine Behandlung von 15 min bei 1050°C, die für die vorliegenden Versuche angewendet wurde, führt bereits zu einer sehr weitgehenden Auflösung der Karbidbestandteile. Die Zeiligkeit des Gefüges durch eine entsprechend ungleichmäßige Verteilung der Karbidteilchen, die im Anlieferungszustand beobachtet wurde, bleibt nach dieser Behandlung in abgeschwächter Form noch erhalten, wie aus den Abb. 14a und b zu erkennen ist. Es sind vorzugsweise die kleineren Karbidteilchen in Lösung gegangen. Nach der röntgenografischen Untersuchung des isolierten Rückstandes haben die ungelösten Restkarbide die Struktur des VC-Karbides. Die $M_{23}C_6$-Karbide müssen also bei der Austenitisierung vollständig in Lösung gegangen sein oder nur noch in so kleinen Mengen vorliegen, daß sie röntgenografisch nicht mehr nachzuweisen sind.

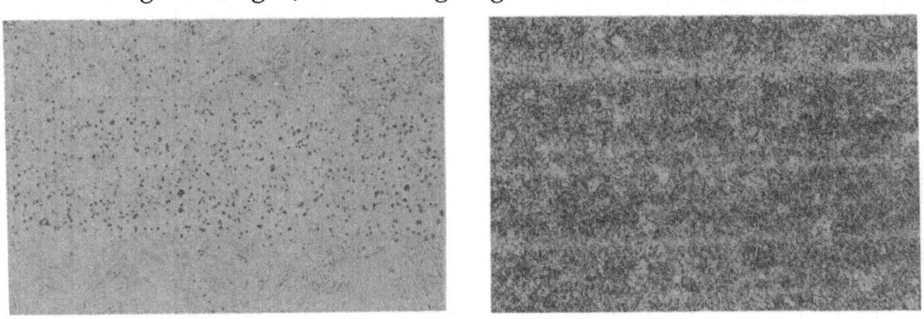

a) 70:1 b) 350:1

Abb. 14 Stahl 45 CrVMoW 5 8 (C) – Abschreckgefüge zur Kennzeichnung des technischen Austenitisierungszustandes: 15 min 1050°C/H_2O
a) Karbidzeilen, Martensit
b) Ungelöste Karbide: VC; Martensit

6.23 Austenitzerfall und Karbidbildung

Zur Kennzeichnung des isothermischen Umwandlungsverhaltens und dessen Beeinflussung durch die Austenitisierungsbedingungen sind in Abb. 15 die ZTU-Schaubilder für die Austenitisierungstemperaturen 1050 und 1100°C wiedergegeben. Die legierungsbedingte Trennung von Perlit- und Zwischenstufe tritt bei diesem Stahl im Gegensatz zum Stahl 60 WCrV 7 (Abb. 6) nicht nur bei der überhöhten Austenitisierungstemperatur auf, sondern auch bereits bei der technisch üblichen. Die Erklärung für dieses gegensätzliche Verhalten dürfte in dem unterschiedlichen Auflösungsgrad der Karbidbestandteile zu suchen sein. Dieser

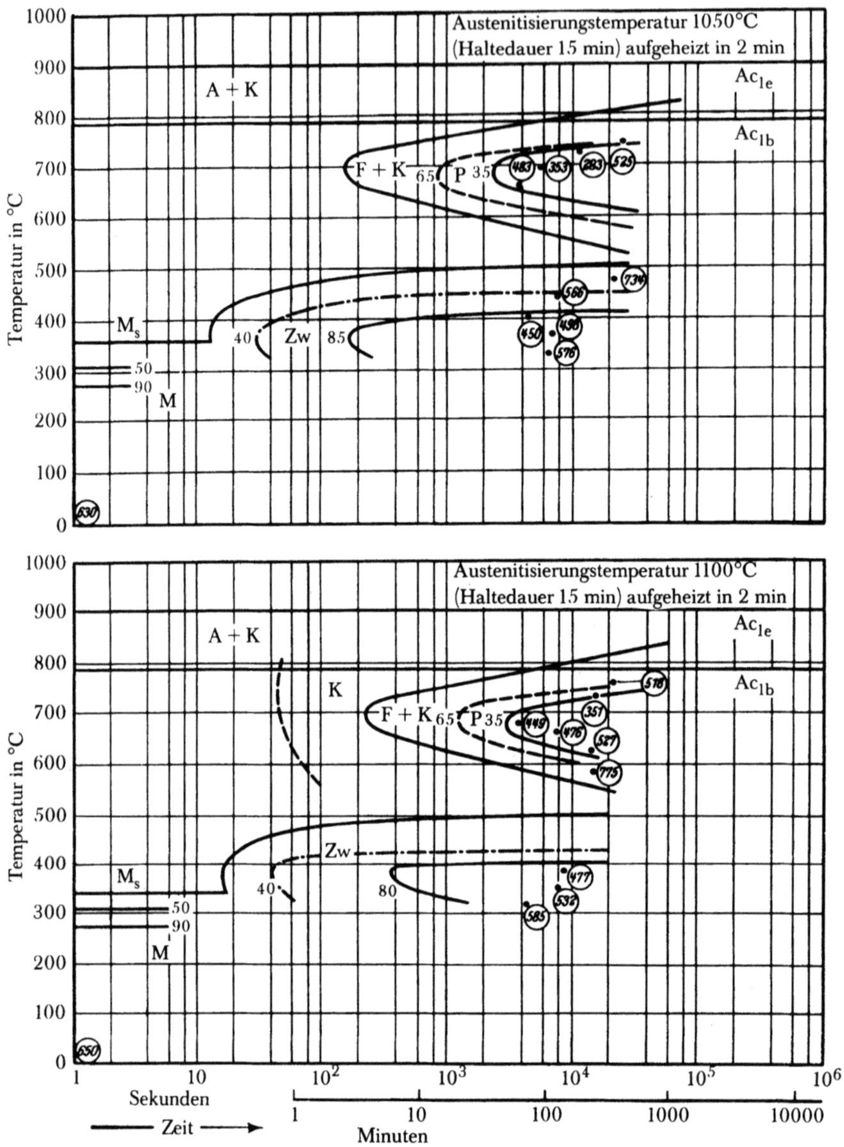

A + K	Bereich des Austenits und Karbids	P	Bereich der Perlitbildung
K	Bereich der Karbidbildung	Zw	Bereich der Zwischenstufen-Gefügebildung
F + K	Bereich der Bildung eines nichtlamellaren Eutektoids	M	Bereich der Martensitbildung
○	Härtewerte in HV	35;40...	Gefügeanteile in Prozent

Bestimmungsverfahren: Dilatometrisch und metallographisch an Proben von 4 mm Dmr. und 30 mm Länge. Metallographisch an Plättchen von 3 mm Dicke.

Abb. 15 Stahl 45 CrVMoW 5 8 (C) – Isothermische ZTU-Schaubilder für zwei Austenitisierungstemperaturen [1] ist vermutlich darauf zurückzuführen, daß die technische Austenitisierungstemperatur beim Stahl 60 WCrV 7 nur 55°C über der Ac_{1e}-Temperatur liegt, beim Stahl 45 CrVMoW 5 8 dagegen 150°C.

In der Perlitstufe sind die Zeiten für den Beginn und das Ende der Umwandlung bei der Temperatur der höchsten Umwandlungsgeschwindigkeit bei beiden Austenitisierungstemperaturen größer als in der Zwischenstufe. Durch die Erhöhung der Austenitisierungstemperatur werden die Umwandlungsbereiche erwartungsgemäß zu längeren Zeiten verschoben. Diese Verschiebung ist jedoch wesentlich geringer als beim Stahl 60 WCrV 7. Der Martensitpunkt wird dabei von 360°C auf 340°C erniedrigt. Beide Temperaturen liegen infolge des geringeren Kohlenstoffgehaltes höher als beim Stahl 60 WCrV 7.

Der Umwandlungsmechanismus des Stahles 45 CrVMoW 5 8 in der Perlitstufe unterscheidet sich grundlegend von dem des Stahles 60 WCrV 7, wie bereits aus einem Vergleich der ZTU-Schaubilder in den Abb. 6 und 15 hervorgeht. Eine voreutektoidische Ferritbildung tritt hier nicht ein. Bei der niedrigen Austenitisierungstemperatur beginnt die Umwandlung mit einem nichtlamellaren Eutektoid, das zum Unterschied von allen perlitartigen Gefügen in den ZTU-Schaubildern mit »F + K« bezeichnet wird [1, 2]. Bei der hohen Austenitisierungstemperatur geht diesem eutektoidischen Zerfall eine voreutektoidische Ausscheidung von Karbidteilchen voraus, bedingt durch ihre vollständigere Auflösung bei der Austenitisierung. Nach dem Eutektoid »F + K« entsteht noch ein zweites, perlitartiges, das dementsprechend mit »P« bezeichnet ist. Bei beiden Austenitisierungstemperaturen beträgt in der Nase der Perlitstufe die Menge des ersteren 65% und die des letzteren 35%. Diese Übereinstimmung der Mengen trotz unterschiedlicher Austenitisierungstemperaturen dürfte in der voreutektoidischen Karbidausscheidung begründet sein, da durch diesen Vorgang die vollständigere Auflösung als Erfolg der höheren Austenitisierung wieder rückgängig gemacht wird. Für diese Erklärung spricht auch die verhältnismäßig geringe zeitliche Verschiebung des Umwandlungsbereiches.

An diesem Umwandlungsverhalten sind vor allem zwei Besonderheiten bemerkenswert. Die erste ist das eutektoidische Verhalten des Stahles bei der niedrigeren, technischen Austenitisierungstemperatur, da er nach dem Auftreten von ungelösten Restkarbiden und insbesondere nach der Ausscheidung voreutektoidischer Karbide bei der überhöhten Temperatur eindeutig als übereutektoidisch anzusprechen ist. Dieses Verhalten weist in Übereinstimmung mit den Ergebnissen früherer Untersuchungen [56–58] darauf hin, daß auch im vorliegenden Falle die technischen Bedingungen nicht zur Einstellung des Gleichgewichts ausreichen.

Die zweite Besonderheit, die bei unlegierten und niedrig legierten Stählen nicht auftritt [1], ist die Aufeinanderfolge von zwei unterschiedlichen eutektoidischen Reaktionen. Bei den mikroskopischen Untersuchungen erschien das Gefüge des zuerst entstehenden Eutektoids bei lichtoptischen Vergrößerungen glatt mit einer bräunlichen Tönung. Eine Auflösung in seine Bestandteile war hierbei nicht möglich, so daß auch über den Aufbau nicht eindeutig entschieden werden konnte. Als Beispiel ist in den Abb. 16a–d das Gefüge nach der technischen Austenitisierung von 15 min bei 1050° und Umwandlung bei der Temperatur der höchsten

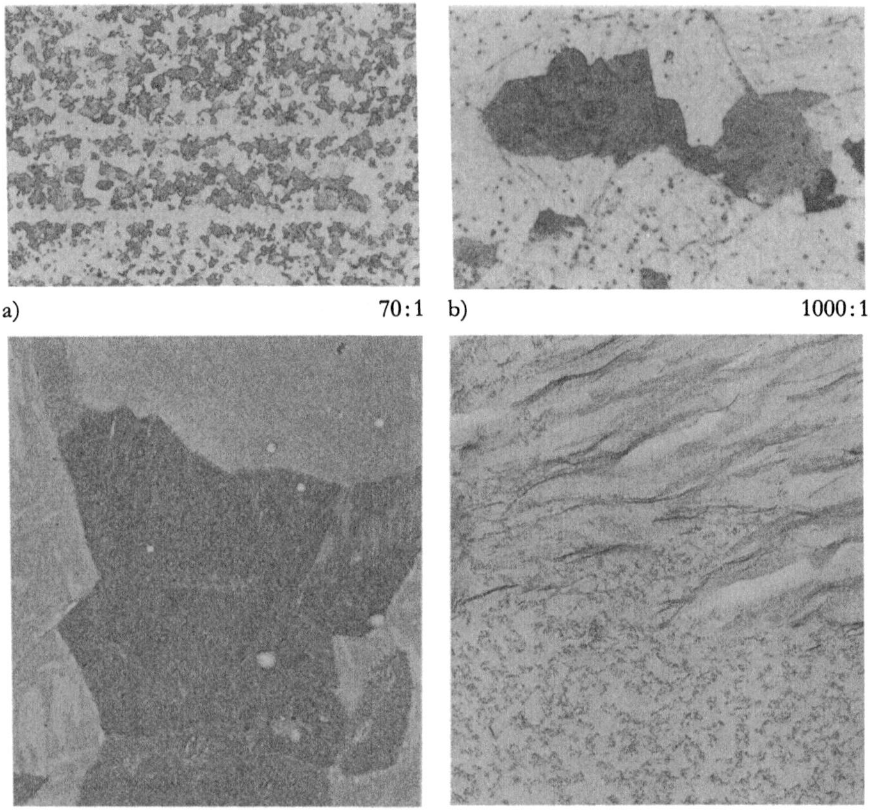

a) 70:1 b) 1000:1

c) Ab-/Ausziehabdruck 7000:1 d) Ausziehabdruck 56000:1

Abb. 16 Stahl 45 CrVMoW 5 8 (C) – Gefüge nach technischer Austenitisierung und teilweiser isothermischer Umwandlung in der Perlitstufe: 15 min 1050° C/ 800 s 685° C/H_2O

a) Gesamtgefüge. Ungelöste Karbide: VC; V C-Eutektoid F + K (dunkel), Martensit (hell)

b–d) VC-Eutektoid F + K

Geschwindigkeit nach einer Zeit von 800 s wiedergegeben. Die Umwandlung nimmt offensichtlich an den ehemaligen Austenitkorngrenzen ihren Ausgang (Abb. 16b). Bemerkenswert ist auch, daß sie bevorzugt in den karbidärmeren Bereichen eintritt, wodurch das Gefüge entsprechend Abb. 16a einen ausgeprägt zeiligen Charakter erhält. Bei Untersuchung des Gefüges mit dem Elektronenmikroskop wird durch die höhere Vergrößerung und das bessere Auflösungsvermögen sichtbar, daß es aus einem Gemenge von Ferrit und sehr feinen Karbidteilchen besteht (Abb. 16c) und demnach als ein binäres Eutektoid anzusprechen ist. Die bräunliche Tönung bei lichtoptischer Betrachtung wird offensichtlich durch die Karbidteilchen hervorgerufen. Sie haben nach der 56 000fachen Vergrößerung in Abb. 16d sowohl körnige als auch längliche, schmale Wachstumsformen. Die körnigen Teilchen haben einen Durchmesser von nur etwa 50 Å. In der gleichen Größenordnung dürfte auch die Dicke der länglichen Wachstumsformen liegen. Ihre Länge ist mit dem Hundertfachen der Dicke nur ungefähr festzulegen. Durch Elektronen- und Röntgenbeugung wurde als Kristallgitter der Teilchen der NaCl-Typus mit einer Gitterkonstanten von 4,17 $\pm$ 0,02 Å nachgewiesen, die dem Vanadinkarbid entspricht. Nach dem Durchmesser der Teilchen bestehen diese demnach bemerkenswerterweise nur aus etwa 10–15 Atomlagen.

Der Gefügezustand nach beendeter Umwandlung bei einer Zeit von 3000 s mit beiden Eutektoiden ist in den Abb. 17a–d wiedergegeben. Die Ätzbarkeit der beiden Eutektoide ist sehr unterschiedlich, so daß sie bei der unmittelbaren Beobachtung im Lichtmikroskop sehr kontrastreich wiedergegeben werden. Das zuerst gebildete binäre Eutektoid erscheint wie in den Abb. 17a und b wesentlich heller als das zuletzt entstandene, perlitartige Eutektoid. Der schon erwähnte Zeilencharakter des Gefüges wird dadurch besonders eindrucksvoll sichtbar gemacht (Abb. 17a). Aus dem Vorhergehenden ergibt sich bereits, daß das perlitartige Gefüge bevorzugt in den karbidreichen Austenitzeilen größerer Umwandlungsträgheit entsteht. Den perlitartigen Charakter macht die höhere Vergrößerung in Abb. 17b deutlich. Zugleich erscheint in den Bereichen des binären

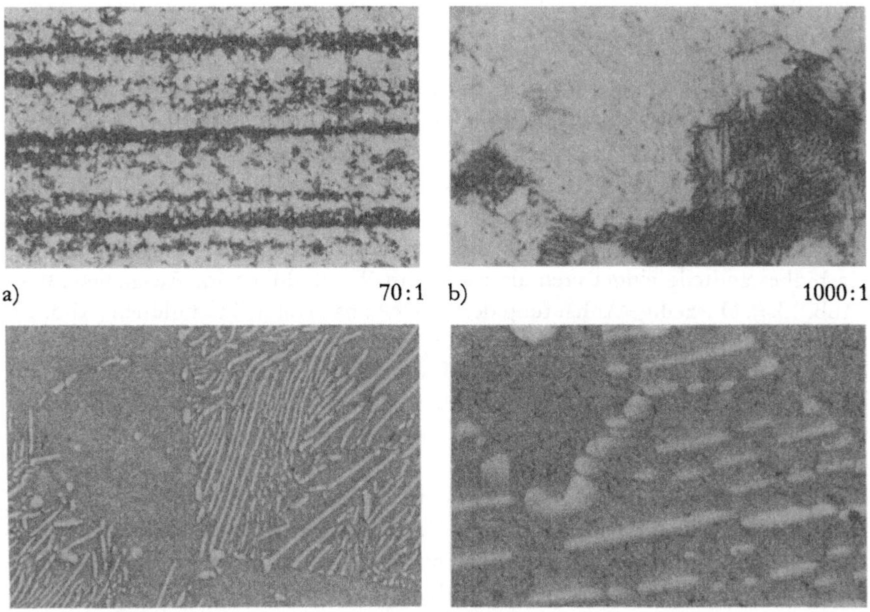

a) 70:1 b) 1000:1

c) Ab-/Ausziehabdruck 3500:1 d) Ab-/Ausziehabdruck 20000:1

Abb. 17 Stahl 45 CrVMoW 5 8 (C) – Gefüge nach technischer Austenitisierung und isothermischer Umwandlung in der Perlitstufe: 15 min 1050° C/3000 s 685° C/H_2O

a) Gesamtgefüge. Ungelöste Karbide: VC; VC-Eutektoid F + K (helle Zeilen); VC—M_3C-Eutektoid P (dunkle Zeilen)

b–d) VC-Eutektoid F + K (feine Karbide); VC—M_3C-Eutektoid P (feine Karbide: VC, grobe Lamellen: M_3C)

Eutektoids ein helles Korngrenzennetz, das bei stärkerer Ätzung noch besser sichtbar wird. Es konnte nicht aufgeklärt werden, ob diese Erscheinung nur durch Konzentrationsunterschiede bedingt ist oder andere Ursachen hat.
Bei elektronenoptischen Vergrößerungen wie in den Abb. 17c und d stellt sich heraus, daß das perlitartige Eutektoid ein ternäres Gemenge ist. Der ternäre Aufbau ist besonders deutlich in Abb. 17d, das einen Abzieh–Auszieh-Abdruck bei 20 000facher Vergrößerung wiedergibt. Es sind hier zwischen den groben lamellaren Karbiden, die dem Gefüge im Abdruck das Gepräge geben, sehr feine Teilchen im Ferrit eingelagert, die mit den Vanadinkarbiden des binären Eutektoids identisch sind. Im Gesamtbeugungsbild eines Ausziehabdruckes treten in Übereinstimmung mit dem Röntgenbefund am isolierten Rückstand neben den Linien des feinkörnigen Vanadinkarbids solche des Zementits auf, die den lamellaren Bestandteilen entsprechen. Das Röntgendiagramm zeigt darüber hinaus noch Linien der $M_{23}C_6$-Phase. Diese liegt jedoch nach den Linienintensitäten nur in kleinen Mengen vor, die nach den im folgenden beschriebenen Versuchen über die Karbidumwandlungen höchstwahrscheinlich aus dem Zementit entstanden sind.
Die beobachtete Aufeinanderfolge von einem binären und einem ternären Eutektoid entspricht der Umwandlung in einem Dreiphasenraum $\gamma \rightarrow \alpha + K_1$ und dem abschließenden Zerfall an einer Vierphasenebene $\gamma \rightarrow \alpha + K_1 + K_2$ nach Abb. 1.

6.24 Umwandlung der Karbidbestandteile

Der Unterschied in den Kristallstrukturen der Karbidbestandteile nach dem Weichglühen und nach der isothermischen Umwandlung in der Perlitstufe deutet bereits darauf hin, daß diese nach beendetem Austenitzerfall noch eine Umwandlung durchmachen. Diese Vermutung konnte durch die langzeitigen Behandlungen von 200 h bei 750°C bestätigt werden. Hierbei ist nach den Abb. 18a und b durch die Einformungsvorgänge eine wesentlich stärkere Vergröberung der Karbidbestandteile eingetreten als nach dem Weichglühen im Ausgangszustand (Abb. 13b). Die zeilige Anhäufung der Teilchen nach dem Weichglühen (Abb. 13a und b) und Abschrecken (Abb. 14a und b) ist in schwächerer Form nur noch nach der langzeitigen Glühung (Abb. 18a) des in der Perlitstufe umgewandelten Zustandes (Abb. 17a — d) erkennbar. Vermutlich sind die gröberen Karbidbestandteile der Abb. 18a in den Bereichen des ehemaligen ternären, perlitähnlichen Eutektoids angehäuft.
Nach den Strukturuntersuchungen liegt in beiden Fällen wie nach dem Weichglühen in der Hauptsache das $M_{13}C_6$-Karbid neben kleinen Mengen des VC-Karbids vor. Die Gegenwart von Zementit konnte in den Beugungsbildern nicht nachgewiesen werden. Dieser hat sich demnach in das $M_{23}C_6$-Karbid umgewandelt. Das bedeutet, daß auch bei dieser Legierung wie beim Stahl 60 WCrV 7 am Ende der isothermischen Umwandlung noch kein Gleichgewichtszustand erreicht wird. Dies war jedoch im letzten Falle nur auf die nach der Austenitisierung ungelösten M_6C-Karbide zurückzuführen, die sich bis zum Ende des Austenitzerfalls noch nicht wieder umgewandelt hatten. Das in der Perlitstufe hauptsächlich gebildete $M_{23}C_6$-Karbid entsprach dagegen dem zu vermutenden Gleichgewicht. Zum Unterschied davon entsteht beim Stahl 45 CrVMoW 5 8 eine

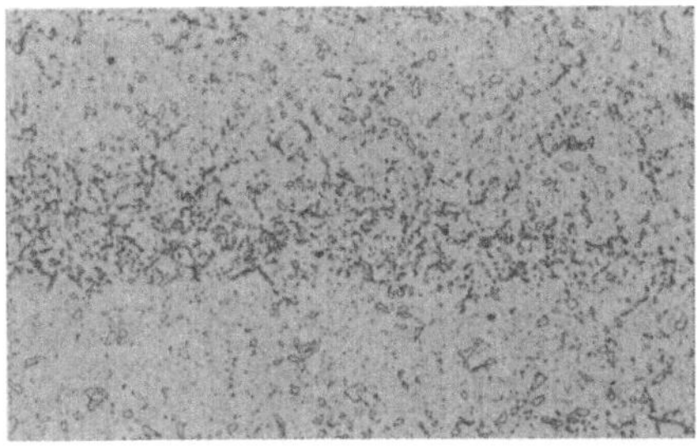

a) 350:1

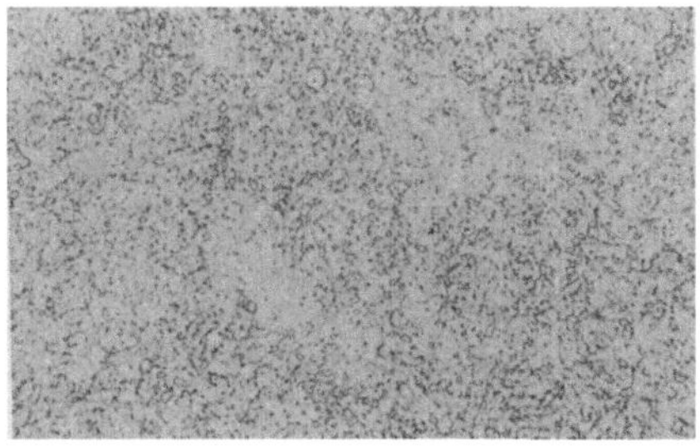

b) 350:1

Abb. 18 Stahl 45 CrVMoW 5 8 (C) – Gefüge nach langzeitigem Glühen und Anlassen
a) 15 min 1050° C/3000 s 685° C/H_2O + 200 h 750° C/Luft
Ferrit, Karbide: $M_{23}C_6$, VC
b) 15 min 1050° C/H_2O + 200 h 750° C/H_2O Ferrit, Karbide: $M_{23}C_6$, VC

Karbidphase – der Zementit – die sich beim anschließenden Glühen vollständig wieder auflöst. Der in der Perlitstufe umgewandelte Zustand unterscheidet sich somit beim Stahl 45 CrVMoW 5 8 wesentlich mehr vom Gleichgewichtszustand als beim Stahl 60 WCrV 7. Wegen der Ähnlichkeit in der Zusammensetzung (Tab. 1 und 2; Abb. 3) ist dieses unterschiedliche Verhalten überraschend und mit den vorliegenden Beobachtungen nicht zu deuten.

Die Übereinstimmung in den Ergebnissen der Strukturuntersuchungen nach den langzeitigen Wärmebehandlungen läßt erwarten, daß der Gleichgewichtszustand beim Stahl 45 CrVMoW 5 8 wie beim Stahl 60 WCrV 7 durch die Karbidphasen $M_{23}C_6$ und VC gekennzeichnet ist. Damit würde sich die Vermutung bestätigen, daß das $M_{23}C_6$-Karbid durch Chrom stabilisiert wird.

6.25 Chemische Zusammensetzung und Menge der Karbidbestandteile

Die Ergebnisse der Mikroanalyse an den isolierten Rückständen des Stahles 45 CrVMoW 5 8 nach den in Tab. 4 angegebenen Wärmebehandlungen sind in Tab. 9 zusammengefaßt. Die in Gewichtsprozenten ausgedrückten Werte beschränken sich auch hier auf die wesentlichen karbidbildenden Elemente.

Die *Analysensummen* bewegen sich bis auf die für den Rückstand nach dem Härten HW_1 und für den »kolloidalen« Isolatanteil nach der perlitisierenden Glühung GP_1 innerhalb der analytischen Fehlergrenze.

Die Gehalte der Karbidbestandteile an Legierungsmetallen und Eisen liegen in allen Fällen unter den entsprechenden Werten des Stahles, so daß hier offensichtliche Analysenfehler nicht vorliegen. Der Kohlenstoffgehalt zeigt jedoch wie beim Stahl 60 WCrV 7 etwas höhere Werte, die ebenfalls durch die Adsorption der Waschflüssigkeiten Alkohol und Äther bedingt sein dürften.

Erwartungsgemäß sind die Legierungsmetalle auch beim Stahl 45 CrVMoW 5 8 bis auf den abgeschreckten Zustand hauptsächlich in den Karbidbestandteilen enthalten. In Übereinstimmung mit den Ergebnissen für den Stahl 60 WCrV 7 sind es vorzugsweise die Elemente Vanadin, Molybdän und Wolfram. Der Durchschnittswert von 90% des Gesamtgehaltes wird jedoch im vorliegenden

Tab. 9 Menge und chemische Zusammensetzung der Isolierungsrückstände des Stahles 45 CrVMoW 5 8 *(Schmelze C) in Gewichtsprozenten nach den Wärmebehandlungen in Tab. 4*

Wärmebehandlung (Tab. 4)	Anteile des Isolats	Chemische Zusammensetzung in Gew.-% bezogen auf das Isolat						Analysensumme in Gew.-%
		C	Cr	Mo	W	V	Fe	
GW_0	Isolat, ges.	7,1	13,5	5,5	6,8	12,0	49,7	91,5
HW_1	Isolat, ges.	24,0	4,4	7,1	3,3	10,3	37,6	63,3
GP_1	Isolat[1]	9,1	13,9	7,8	6,7	13,1	43,6	87,0
	Kolloid	22,4	11,9	n. b.	n. b.	16,1	36,0	70,0
	Summe	9,2	13,9	7,8	6,7	13,1	43,6	–
GW_1	Isolat, ges.	6,9	14,6	5,6	3,4	10,5	52,4	98,8
A_2	Isolat, ges.	6,3	11,7	4,7	6,9	10,9	54,8	94,9
		bezogen auf den Stahl						Isolatmenge in Gew.-%
GW_0	Isolat, ges.	0,41	0,77	0,31	0,39	0,69	2,85	5,72
HW_1	Isolat, ges.	0,42	0,08	0,13	0,06	0,18	0,66	1,76
GP_1	Isolat[1]	0,44	0,67	0,38	0,32	0,63	2,11	4,84
	Kolloid	0,012	0,006	n. b.	n. b.	0,008	0,019	0,05
	Summe	0,45	0,68	0,38	0,32	0,64	2,13	4,89
GW_1	Isolat, ges.	0,42	0,90	0,34	0,21	0,65	3,22	6,15
A_2	Isolat, ges.	0,41	0,75	0,31	0,44	0,69	3,54	6,44

n. b. = nicht bestimmt

[1] Ohne Kolloid.

Falle nur vom Vanadin überschritten, während der für Molybdän und Wolfram mit etwas mehr als 70 bzw. 60% bedeutend niedriger liegt. Dies gilt auch für das Chrom, das nur zu durchschnittlich 50% im Karbid abgebunden ist gegenüber 75% beim Stahl 60 WCrV 7.

In Tab. 10 sind die in *Atomprozente* umgerechneten Analysenergebnisse sowie die Karbidmengen aufgeführt und den ermittelten Karbidstrukturen gegenübergestellt. Die Gehalte beziehen sich auf 100 Atome der angegebenen Elemente. Im abgeschreckten Zustand enthält das Isolat erwartungsgemäß eine beträchtliche Menge an gelöstem Kohlenstoff aus der martensitischen Grundmasse, so daß die Analysenergebnisse nach dem bereits beschriebenen Verfahren auf das stöchiometrische Metall–Kohlenstoff-Verhältnis des vorliegenden Vanadinkarbids umgerechnet wurden. Die so erhaltenen Werte sind in der Zeile unter den experimentell gefundenen Gehalten angegeben. Es geht daraus eindeutig hervor, daß die Zusammensetzung des isolierten Rückstandes nicht der des Vanadinkarbides entspricht, die nach den Angaben in der Literatur über dessen Löslichkeit für andere Legierungsmetalle zu erwarten ist [73, 94]. Nach einer mikroskopischen Untersuchung des Rückstandes ist die Erklärung sehr wahrscheinlich in einer Verunreinigung durch Hydroxyde zu suchen, die sich aus dem Elektrolyten niedergeschlagen haben. Damit erklärt sich auch die beträchtliche Abweichung von der Analysensumme (Tab. 9). Das Ergebnis kann somit im folgenden nicht verwertet werden.

In Abb. 19 sind die Ergebnisse in gleicher Weise grafisch aufgetragen wie in Abb. 10. Die *Karbidmengen* sind hauptsächlich wegen des niedrigeren Kohlenstoffgehaltes nur etwa halb so groß wie beim Stahl 60 WCrV 7. Auf die stärkere Abnahme bei der Austenitisierung HW_1 ist bereits näher eingegangen worden. Bei der sich anschließenden isothermischen Umwandlung GP_1 wird die Menge des weichgeglühten Zustandes GW_0 nicht wieder ganz erreicht. Dies dürfte im wesentlichen darauf zurückzuführen sein, daß der Zementit ein niedrigeres Metall–Kohlenstoff-Verhältnis hat als das $M_{23}C_6$-Karbid. Dementsprechend nimmt die Karbidmenge bei der nachfolgenden Glühung GW_1 durch die dabei eintretende Umwandlung des Zementits zum $M_{23}C_6$-Karbid weiter zu, wobei die ursprüngliche Menge noch geringfügig überschritten wird. Auch nach der langzeitigen Anlaßbehandlung A_2, die ebenfalls zur Bildung der $M_{23}C_6$-Phase führt, wurde eine etwas größere Karbidmenge gefunden.

In der *chemischen Zusammensetzung* der isolierten Rückstände ist das Eisen wegen der verhältnismäßig niedrigen Atomverhältnisse der karbidbildenden Elemente zum Kohlenstoff wie beim Stahl 60 WCrV 7 der vorherrschende metallische Bestandteil. Auch die Karbidreaktionen durch die Wärmebehandlungen prägen sich beim Eisen in der Änderung der Gehalte am deutlichsten aus, während die Legierungsmetalle hiervon nur wenig berührt werden. Die Zunahme des Gehaltes an Eisen bei der Umwandlung des Zementits ist ebenso wie seine Höhe eine Bestätigung für die vorausgegangene Annahme, daß das gebildete $M_{23}C_6$-Karbid der ternären Phase mit der idealen stöchiometrischen Zusammensetzung $Fe_{21}(Mo, W)_2C_6$ entspricht.

In ähnlichem Maße wie der Gehalt des Rückstandes an Eisen, zwangsläufig jedoch in umgekehrter Richtung, ändert sich auch der an Kohlenstoff. Die Änderungen stehen in engem Zusammenhang mit denen des Metall–Kohlenstoff-Verhältnisses der Karbidphasen, die in den verschiedenen Behandlungszuständen als Hauptbestandteile nachgewiesen wurden. Einer Zunahme im einen Falle entspricht eine Abnahme im anderen Falle und umgekehrt. Somit ist der analytisch nachgewiesene Kohlenstoffgehalt hier eine Bestätigung für die Ergebnisse der röntgenografischen Untersuchungen.

Tab. 10 Struktur und Zusammensetzung (Atom-%) der Karbidbestandteile im Stahl 45 CrVMoW 5 8 *(Schmelze C) nach den Wärmebehandlungen in Tab. 4*

Wärmebehandlung (Tab. 4)	Anteile des Isolats	Struktur der Karbidbestandteile	Isolatmenge in Gew.-%	Chemische Zusammensetzung in Atom-%[4] bezogen auf das Isolat					
				C	Cr	Mo	W	V	Fe
GW_0	Isolat, ges.	$M_{23}C_6$; VC (sw)	5,72	28,5	12,5	2,8	1,8	11,4	43,0
HW_1	Isolat, ges.	VC	1,76	65,5	2,8	2,4	0,6	6,6	22,1
	Karbid, ber.		1,57[2]	50,0[3]	4,1[3]	3,5[3]	0,9[3]	9,6[3]	32,0[3]
GP_1	Isolat[1]	M_3C; $M_{23}C_6$ (w); VC (sw)	4,84	34,7	12,3	3,7	1,7	11,8	35,8
	Kolloid	VC	0,05	61,1	7,5	n. b.	n. b.	10,3	21,1
	Summe		4,89	35,0	12,2	3,7	1,7	11,8	35,7
GW_1	Isolat, ges.	$M_{23}C_6$; VC	6,15	27,7	13,5	2,8	0,9	9,9	45,2
A_2	Isolat, ges.	$M_{23}C_6$; VC	6,44	25,8	11,1	2,4	1,8	10,5	48,3

w = wenig – sw = sehr wenig – n. b. = nicht bestimmt

[1] Ohne Kolloid.
[2] Karbidmenge nach Abzug des berechneten, gelösten Kohlenstoffgehaltes.
[3] Berechnete Zusammensetzung der Karbidbestandteile nach Abzug des gelösten Kohlenstoffgehaltes.
[4] Bezogen auf C + Cr + Mo + W + V + Fe = 100.

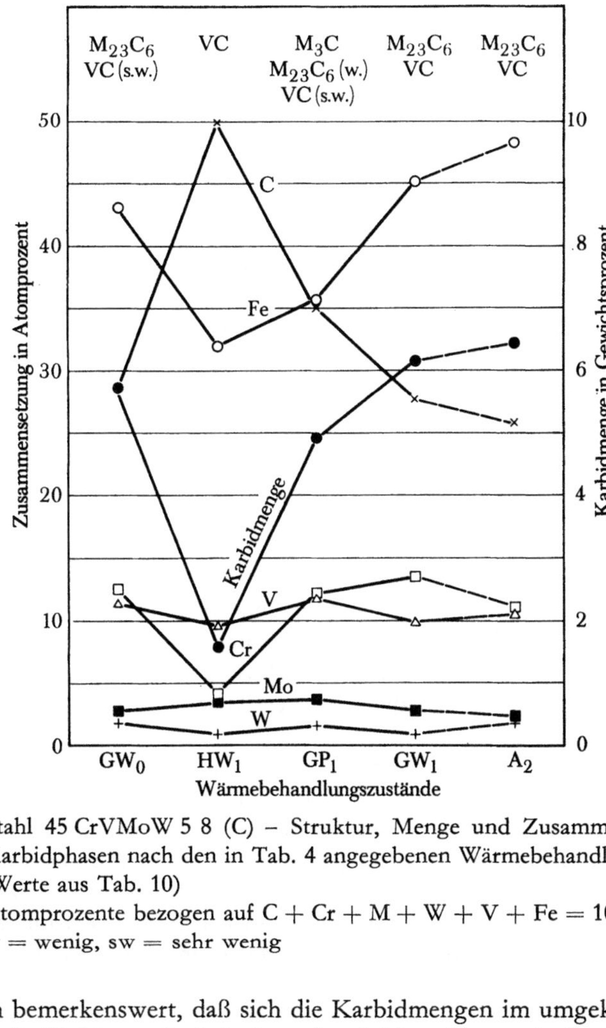

Abb. 19 Stahl 45 CrVMoW 5 8 (C) – Struktur, Menge und Zusammensetzung der Karbidphasen nach den in Tab. 4 angegebenen Wärmebehandlungen (Werte aus Tab. 10)
Atomprozente bezogen auf C + Cr + M + W + V + Fe = 100,
w = wenig, sw = sehr wenig

Es ist noch bemerkenswert, daß sich die Karbidmengen im umgekehrten Sinne ändern wie die Kohlenstoffgehalte bzw. im gleichen Sinne wie die Metallgehalte. Diese Zusammenhänge sind eine Bestätigung für die vorstehende Vermutung, daß die Unterschiede in den Karbidmengen zwischen den verschiedenen Behandlungszuständen – vom gehärteten Zustand abgesehen – im wesentlichen auf die Unterschiede in den Metall-Kohlenstoff-Verhältnissen der hauptsächlichen Karbidbestandteile zurückzuführen sind.

6.3 Stahl X 38 CrMoV 5 1

6.31 Chemische Zusammensetzung und Anlieferungszustand

Der Warmarbeitsstahl X 38 CrMoV 5 1 gehört in die Gruppe der Chrom-Molybdän-Vanadin-Legierungen (Stähle 38–41 in Abb. 3 und Tab. 3) [105].

Diese Legierungen enthalten wie der vorhergehende Stahl 45 CrVMoW 5 8 teilweise noch etwas Wolfram. Sie sind sehr warmfest und temperaturwechselbeständig, so daß sie vielseitig verwendbar sind. Für die Zusammensetzung des Stahles X 38 CrMoV 5 1 werden folgende Richtwerte angegeben: 0,38% C, 5% Cr, 1,3% Mo und 0,3% V. In der genannten Legierungsgruppe liegen diese Werte für Chrom am höchsten, für Kohlenstoff und Molybdän in der Mitte und für Vanadin an der unteren Grenze [105].

Die Zusammensetzung und die Atomverhältnisse der untersuchten Schmelze D sind in Tab. 1 bzw. 2 und Abb. 3 wiedergegeben. Nach der Richtanalyse ist der Gehalt an Chrom etwas zu hoch und der an Molybdän etwas zu niedrig. Dementsprechend ist in Abb. 3 die Lage der Schmelze D gegenüber der des betreffenden Stahles 40 (Tab. 3) geringfügig verschoben. Mit den Schmelzen der beiden vorausgegangenen Stähle besteht im (Mo+W):C-Verhältnis praktisch Übereinstimmung, wobei jedoch die Schmelze D nur Molybdän enthält. Dagegen ist das Cr:C-Verhältnis um ein Vielfaches höher, so daß in allen karbidhaltigen Behandlungszuständen erstmals Chromsonderkarbide auftreten.

Der weichgeglühte [105] Anlieferungszustand entspricht nach den Abb. 20a und b in der Anordnung der Karbidteilchen einem hochangelassenen Vergütungsgefüge. Vor der Glühung muß also Martensit vorgelegen haben, der bei diesem Stahl auch noch bei langsamer Abkühlung entstehen kann [1]. Die Karbide sind sehr feinkörnig und führen durch eine seigerungsbedingte Anhäufung zu einer schwachen Gefügezeiligkeit. Durch punktförmige, voreutektoidisch gebildete Ausscheidungen sind die ehemaligen Austenitkorngrenzen noch deutlich zu erkennen.

Durch röntgenografische Untersuchung des isolierten Rückstandes wurde hauptsächlich das Molybdänkarbid M_6C und das Chromkarbid M_7C_3 nachgewiesen. Nach der Linienintensität scheint der Mengenanteil des M_6C-Karbids etwas größer zu sein als der des M_7C_3-Karbids. Das Beugungsdiagramm enthielt außerdem Linien der kubischen Struktur des VC-Karbids. Die Menge dieser Phase ist jedoch nur sehr klein. Im vorliegenden Falle bildet demnach jedes der drei Hauptlegierungselemente Chrom, Molybdän und Vanadin eine ihm eigene

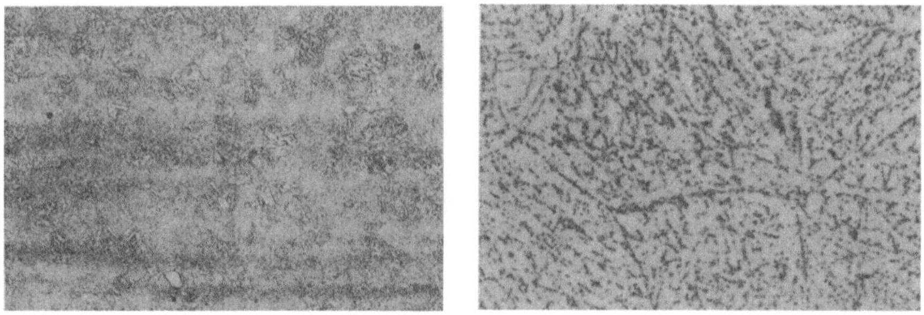

a) 70:1 b) 1000:1

Abb. 20 Stahl X 38 CrMoV 5 1 (D) – Gefüge im weichgeglühten Ausgangszustand [105]
a) Schwache Gefügezeiligkeit
b) Ferrit, Karbide: M_6C, M_7C_3, VC (sw)

Karbidphase. Bei den beiden vorhergehenden Beispielen trat im Anlieferungszustand im Gegensatz dazu als Hauptbestandteil das $M_{23}C_6$-Mischkarbid auf. Die Erklärung für dieses gegensätzliche Verhalten ist in dem unterschiedlichen Chromgehalt zu suchen. Im Stahl X 38 CrMoV 5 1 führt der relativ hohe Gehalt von 5,5% bei einem Cr:C-Verhältnis von rd. 3,3 bereits zur Bildung des Chromsonderkarbids M_7C_3. Da dieses Karbid nur eine geringe Löslichkeit für Wolfram und Molybdän besitzt [96], entsteht auf Grund des vorliegenden Gehaltes an Molybdän das M_6C-Karbid. In den beiden Vergleichsstählen 60 WCrV 7 und 45 CrVMoW 5 8 sind dagegen die Chromgehalte von rd. 1,3 und 1,5% bei den Cr:C-Verhältnissen von 0,5 und 0,9 nicht hoch genug für die Entstehung eines Chromsonderkarbids. Das Chrom wirkt daher in diesen Stählen zusammen mit dem Molybdän und Wolfram an der Bildung des ternären Doppelkarbids $M_{23}C_6$.

6.32 Austenitisierungszustand

Der Stahl X 38 CrMoV 5 1 ist trotz des niedrigen Kohlenstoffgehaltes übereutektoidisch, da der hohe Legierungsgehalt eine entsprechende Verschiebung des eutektoidischen Punktes bewirkt. Die versuchsmäßige Austenitisierungstemperatur von 1030° C innerhalb des technisch üblichen Bereiches führt nach einer Haltedauer von 15 min bereits zu einer nahezu vollständigen Auflösung der Karbidbestandteile. Der Versuch, die Menge und Struktur der geringfügigen Karbidreste durch elektrolytische Isolierung und röntgenografische Untersuchung des Rückstandes zu bestimmen, hatte keinen Erfolg. Als Bestandteile des Rückstandes konnte nur Ferrit und Austenit nachgewiesen werden. Nach den vorliegenden Erfahrungen dürften von den ursprünglich vorhandenen Karbidphasen das Vanadinkarbid VC am langsamsten und das Chromkarbid M_7C_3 am schnellsten aufgelöst werden. Daher ist zu vermuten, daß die beobachteten Karbidreste im wesentlichen aus VC- und M_6C-Karbid bestehen.
Durch die weitgehende Auflösung der Karbideinschlüsse ist der Austenit nicht mehr in seinem Wachstum behindert und demzufolge für einen übereutektoidischen Stahl verhältnismäßig grobkörnig, entsprechend Korngröße 4 der ASTM-Richtreihe. In den Abb. 21a und b ist das Gefüge einer Probe wiedergegeben, bei der die Austenitkorngrenzen infolge stärkerer Ätzbarkeit durch voreutektoidisch ausgeschiedene Karbide nach einer isothermischen Behandlung von 400 s bei 730° C hervorgehoben sind. Die Teilchen haben nach dem Ausziehabdruck in Abb. 21b die Form winkliger Plättchen. Ihre Struktur entspricht nach einer Feinbereich-Beugungsaufnahme der des VC-Karbids. Durch dieses Ergebnis wird die Vermutung gestützt, daß die ungelösten Karbidreste VC-Karbide enthalten.

6.33 Austenitzerfall und Karbidbildung

Die ZTU-Schaubilder für den isothermischen Austenitzerfall nach einer technisch üblichen Härtetemperatur von 1030° C und nach einer auf 1100° C überhöhten Temperatur bei einer Haltedauer von 15 min sind in Abb. 22 wiedergegeben. Bei der Erwärmung vollzieht sich die Austenitbildung zwischen 840 (Ac_{1b}) und 920° C (Ac_{1e}). Durch den hohen Legierungsgehalt im Mischkristall

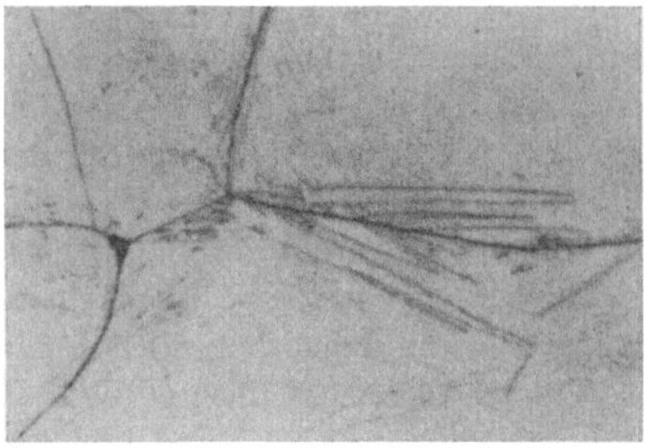 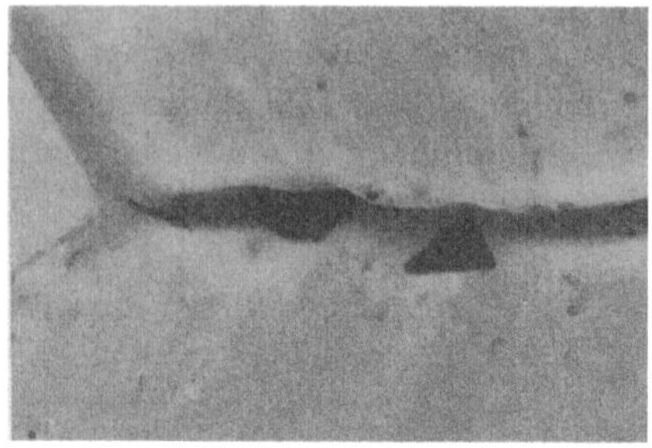

a) 1000:1 b) Ausziehabdruck 28000:1

Abb. 21 Stahl X 38 CrMoV 5 1 (D) – Abschreckgefüge nach isothermischer Karbidausscheidung zur Kennzeichnung des technischen Austenitisierungszustandes: 15 min 1030° C/400 s 730° C/H_2O
a) Spuren ungelöste Karbide, voreutektoidische VC-Karbide, Martensit
b) Voreutektoidische VC-Karbide

bei der nahezu vollständigen Auflösung der karbidischen Phase tritt bei seinem Zerfall erwartungsgemäß nach beiden Härtetemperaturen ein umwandlungsträger Bereich zwischen etwa 360 und 600° C auf. Dieser ist verglichen mit dem der beiden vorhergehenden Stähle (Abb. 6 und 15) wesentlich breiter; die Temperaturlage der Perlitstufe ist etwas erhöht, insbesondere aber die der Zwischenstufe stark erniedrigt.
Ein grundsätzlicher Unterschied besteht zu den vorherigen Beispielen vor allem darin, daß bei beiden Austenitisierungstemperaturen die Zeiten für den Beginn und das Ende der Umwandlung im Bereich der höchsten Umwandlungsgeschwindigkeit in der Perlitstufe kleiner sind als in der Zwischenstufe. Dieses Verhalten dürfte einmal auf die Ankeimung der Perlitreaktion durch die voreutektoidische Karbidausscheidung zurückzuführen sein, zum anderen auf die Behinderung der Diffusionsvorgänge für die Zwischenstufenumwandlung durch die niedrige Temperaturlage. Für die Vorgänge bei kontinuierlicher Abkühlung hat dieses Verhalten zur Folge, daß einer Umwandlung in der Zwischenstufe *stets* eine solche in der Perlitstufe vorausgeht [1].
Die Erhöhung der Austenitisierungstemperatur wirkt sich auch bei diesem Stahl in einer Verlängerung der Umwandlungszeiten aus. Der Martensitpunkt wird jedoch nur um 5° C von 275 auf 270° C erniedrigt. Dies ist dadurch zu erklären, daß die Karbidbestandteile bereits bei der üblichen Austenitisierungstemperatur von 1030° C nahezu vollständig gelöst werden, und somit eine Temperaturerhöhung keine wesentliche Änderung in der Zusammensetzung des umwandlungsfähigen Mischkristalls mehr bewirken kann. Die Martensitpunkte sind etwa gleich dem der Schmelze A des Stahles 60 WCrV 7 nach Austenitisierung bei 950° C (Abb. 6) und niedriger als die der Schmelze C des Stahles 45 CrVMoW 5 8 (Abb. 15), obwohl der Kohlenstoffgehalt im ersten Fall bedeutend höher liegt und im zweiten gleich ist. Dies ist ein Zeichen für den sehr unterschiedlichen Auflösungsgrad der Karbidbestandteile bei den drei Stählen, da hiervon die endgültige Zusammensetzung des Austenits und damit die Temperaturlage des Martensitpunktes abhängig sind.

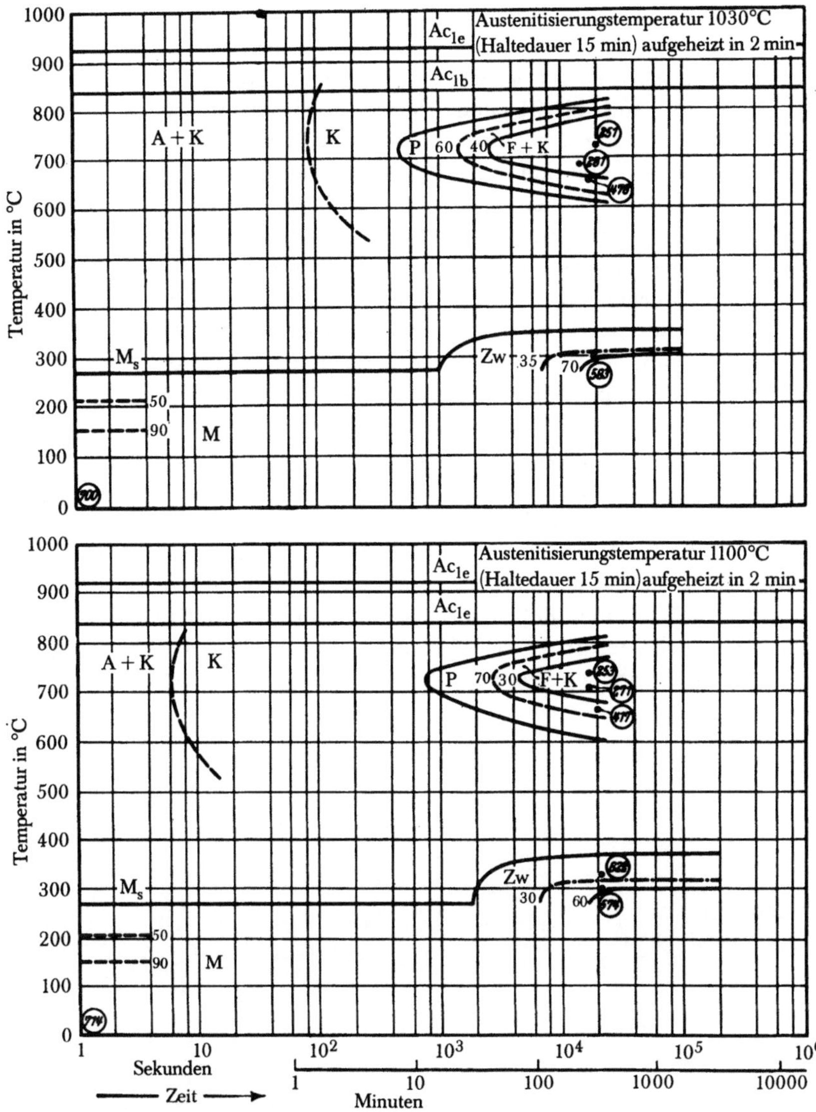

A + K	Bereich des Austenits und Karbids	Zw	Bereich der Zwischenstufen-Gefügebildung
K	Bereich der Karbidbildung		
P	Bereich der Perlitbildung	M	Bereich der Martensitbildung
F + K	Bereich der Bildung eines nichtlamellaren Eutektoids	30;35...	Gefügeanteile in Prozent
○	Härtewerte in HV		

Bestimmungsverfahren: Dilatometrisch und metallographisch an Proben von 4 mm Dmr. und 30mm Länge. Metallographisch an Plättchen von 3 mm Dicke.

Abb. 22 Stahl X 38 CrMoV 5 1 (D) – Isothermische ZTU-Schaubilder für zwei Austenitisierungstemperaturen [1]

Im Umwandlungsmechanismus der Perlitstufe zeigt der Stahl X 38 CrMoV 5 1 gegenüber den Stählen 60 WCrV 7 und 45 CrVMoW 5 8 einige weitere Abwandlungen. Die voreutektoidische Ausscheidung von VC-Karbiden an den Austenitkorngrenzen (Abb. 21 a und b) leitet schon bei der üblichen Härtetemperatur den Zerfallsvorgang ein. Durch Erhöhen der Temperatur auf 1100° C wird die Anlaufzeit dieser Reaktion nach Abb. 22 verkürzt.

Nach der voreutektoidischen Karbidausscheidung entstehen wie beim Stahl 45 CrVMoW 5 8 zwei verschiedene Eutektoide, die jedoch in umgekehrter Reihenfolge auftreten. Das lamellare, perlitartige Eutektoid »P« bildet sich zuerst und das nichtlamellare »F + K« zuletzt. Mengenmäßig überwiegt das perlitartige Gefüge. Bei der Temperatur der Perlitnase beträgt der Anteil nach der niedrigen Austenitisierungstemperatur 60%, nach der hohen 70%. Der Anteil des Eutektoids »F + K« liegt dementsprechend bei 40 bzw. 30% (Abb. 22).

Der eutektoidische Zerfall des Austenits beginnt in üblicher Weise an seinen Korngrenzen. Die Abb. 23a und b zeigen das Gefüge des zuerst entstehenden Eutektoids »P« nach einer teilweisen, isothermischen Umwandlung bei 730° C mit einer Haltedauer von 1500 s. Seine Ausbildung gleicht im geätzten Schliff bei hoher, lichtoptischer Vergrößerung nach Abb. 23a der des rosettenförmigen Perlits (Troostit), der aus einem stark unterkühlten Austenit entsteht. Die elektronenoptische Aufnahme eines Reliefabdruckes in Abb. 23b läßt in der ferritischen Grundmasse dicht gelagerte, verhältnismäßig grobe, längliche Karbidbestandteile erkennen, die ähnlich wie beim Perlit parallel gerichtet sind.

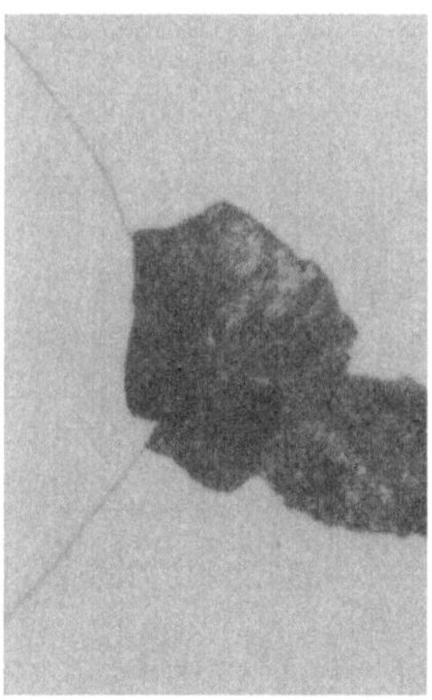

a) 1000:1

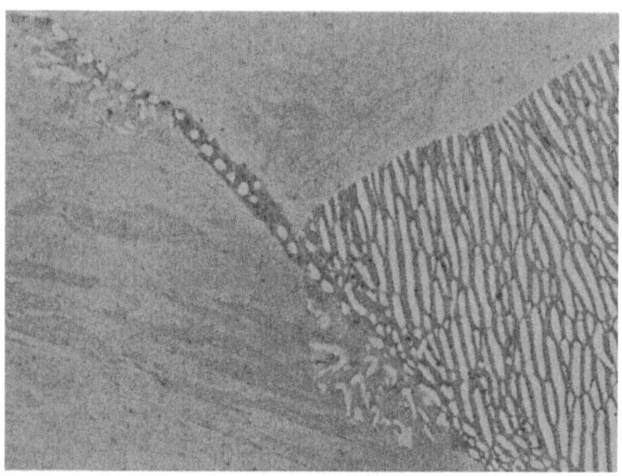

b) Abziehabdruck 7000:1

Abb. 23 Stahl X 38 CrMoV 5 1 (D) – Gefüge nach technischer Austenitisierung und teilweiser isothermischer Umwandlung in der Perlitstufe: 15 min 1030° C/1500 s 730° C/H_2O

a) Gesamtgefüge. Spuren ungelöste Karbide (nicht sichtbar), voreutektoidische VC-Karbide, $M_{23}C_6$—(M_7C_3)-Eutektoid P (dunkel), Martensit

b) $M_{23}C_6$—(M_7C_3)-Eutektoid P (lamellar)

Das Gefüge nach beendeter Austenitumwandlung bei ebenfalls 730° C und einer Haltedauer von 6000 s geben die Abb. 24a–d wieder. Im Schliffbild erscheint das zuerst gebildete, perlitähnliche Eutektoid »P« dunkel, das nichtlamellare »F + K« dagegen hell, bedingt durch seinen verhältnismäßig hohen Ferritanteil und die sehr feine Karbidverteilung (Abb. 24a). Verglichen mit Abb. 23a erscheint das perlitähnliche Eutektoid »P« aufgelockerter. Offensichtlich ist während und nach der Umwandlung bereits eine Einformung der Karbidlamellen eingetreten. Diese Veränderung des lamellaren Eutektoids ist auch in der elektronenoptischen Aufnahme des Reliefabdruckes in Abb. 24b gegenüber der in Abb. 23b zu erkennen. Die Aufnahme zeigt in der rechten Bildhälfte das Eutektoid »F + K«, und läßt in seiner ferritischen Grundmasse sehr feine, rundliche und längliche Karbidkriställchen sichtbar werden. Hierbei ist nicht zu entscheiden, ob die Unterschiede in den Formen nur durch die jeweilige Schnittrichtung bedingt sind. Als bemerkenswert ist auch in diesem Falle wie bei den Stählen 60 WCrV 7 und 45 CrVMoW 5 8 festzustellen, daß die beiden aufeinanderfolgenden Eutektoide ohne sichtbare Korngrenze ineinander übergehen, und in der Übergangszone beide Karbidphasen nebeneinander vorkommen.

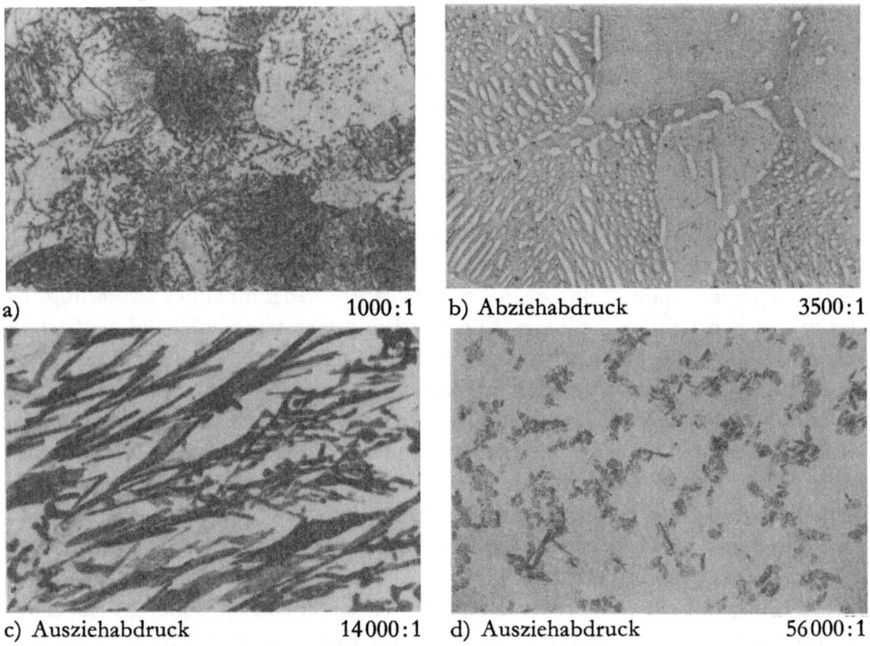

a) 1000:1 b) Abziehabdruck 3500:1

c) Ausziehabdruck 14000:1 d) Ausziehabdruck 56000:1

Abb. 24 Stahl X 38 CrMoV 5 1 (D) – Gefüge und Karbidformen nach technischer Austenitisierung und isothermischer Umwandlung in der Perlitstufe: 15 min 1030° C/6000 s 730° C/H_2O

a) Gesamtgefüge. Spuren ungelöste Karbide, voreutektoidische VC-Karbide, $M_{23}C_6$—(M_7C_3)-Eutektoid P (dunkel), VC-Eutektoid F + K (hell)
b) $M_{23}C_6$—(M_7C_3)-Eutektoid P (lamellar); VC-Eutektoid F + K
c) Eutektoidische $M_{23}C_6$—(M_7C_3)-Karbide
d) Eutektoidische VC-Karbide

An den Umwandlungskorngrenzen sind häufig grobe, zusammenhängende Karbidausscheidungen zu beobachten (Abb. 24b). Sie treten überraschenderweise auch in den Bereichen des Eutektoids »F + K« auf, dessen Karbidphase sich durch seine äußerst geringe Teilchengröße auszeichnet.

Die grobe Karbidphase des perlitähnlichen Eutektoids »P« hat nach der elektronenoptischen Aufnahme eines Ausziehabdruckes in Abb. 24c die Form langer, schmaler Lamellen und Bänder. Sie sind teilweise verästelt und weisen an diesen Verästelungen häufig Verdickungen auf, die Umwandlungsvorgänge vermuten lassen. Durch Elektronenbeugungsaufnahmen konnte jedoch an den ausgewählten Stellen für diese Karbidformen nur das Kristallgitter des $M_{23}C_6$-Karbides nachgewiesen werden. Somit ist diese Legierung nach dem Stahl 60 WCrV 7 ein weiteres Beispiel dafür, daß das $M_{23}C_6$-Eutektoid eine ähnliche Ausbildung haben kann wie der Perlit des Zementits.

Die feinen Karbidkriställchen des hellen Eutektoids »F + K« gibt die Abb. 24d eines Ausziehabdruckes wieder. Zur Beurteilung des beträchtlichen Unterschiedes in der Größe zwischen diesen Teilchen und den $M_{23}C_6$-Lamellen in Abb. 24c ist zu berücksichtigen, daß der lineare Abbildungsmaßstab zwischen den beiden Bildern im Verhältnis 4:1 geändert ist. Neben fadenförmigen Kriställchen sind in der Hauptsache durchsichtige Plättchen zu erkennen, die unregelmäßig begrenzte oder sechsseitige Formen haben. Teilweise sind auch größere Zusammenballungen durch Ankristallisation zu beobachten. Das zugehörige Elektronenbeugungsdiagramm zeigte für diese Teilchen nur Linien des VC-Karbids. Einzelreflexe, die darüber hinaus gefunden wurden, genügten nicht zur Bestimmung einer weiteren Kristallart. Demnach ist also auch das helle Eutektoid wie das zuerst gebildete, lamellare als ein binäres Phasengemenge anzusprechen.

Mit den beiden vorhergehenden Stählen 60 WCrV 7 und 45 CrVMoW 5 8 ist der vorliegende Stahl X 38 CrMoV 5 1 die dritte vanadinhaltige Legierung, bei der in der Perlitstufe ein binäres Eutektoid mit dem Vanadinkarbid als karbidischem Bestandteil gebildet wird. In allen drei Fällen haben diese Eutektoide in der Größe und Wachstumsform der Karbidphase und folglich auch in der Gefügeausbildung sehr große Ähnlichkeit. Darüber hinaus ist ihnen auch gemeinsam, daß sie ohne Korngrenze in das zweite vorhandene Eutektoid mit anderer Karbidphase übergehen. Danach ist zu vermuten, daß diese Erscheinungen für das Vanadinkarbid-Eutektoid kennzeichnend sind. Es ist möglich, daß sich die anderen kubischen Karbidphasen der Elemente aus der IV. und V. Gruppe des periodischen Systems ähnlich verhalten.

Durch röntgenografische Untersuchung des elektrochemisch isolierten Rückstandes konnten die an den Ausziehabdrucken mit Elektronenbeugung nachgewiesenen Karbidphasen bestätigt werden. Allerdings war das VC-Karbid nur schwer eindeutig zu identifizieren, da die betreffenden Beugungslinien nur sehr schwach waren und teilweise mit denen des $M_{23}C_6$-Karbids koinzidierten. Zusätzlich wurden jedoch in den Röntgendiagrammen des Rückstandes noch Linien des Chromsonderkarbids M_7C_3 gefunden. Nach ihrer Intensität entspricht die Menge etwa der des $M_{23}C_6$-Karbids. Das M_7C_3-Karbid muß somit als wesentlicher Bestandteil des Gefüges angesehen werden und demnach wie das $M_{23}C_6$-Karbid bei der isothermischen Umwandlung entstanden sein. Mit großer Wahrscheinlichkeit hat es auch die gleiche oder eine sehr ähnliche Wachstumsform. Dies ist unter Berücksichtigung der großen Menge an M_7C_3-Karbiden daraus zu schließen, daß bei den licht- und elektronenoptischen Gefügeuntersuchungen neben dem Eutektoid »F + K« mit den für das VC-Karbid typischen Formen nur das perlitartige Eutektoid »P« und die entsprechenden lamellenförmigen Karbidbestandteile beobachtet werden konnten. Die Ähnlichkeit in der Wachstumsform der beiden Karbidphasen ist auch als eine wesentliche Voraussetzung dafür anzusehen, daß das M_7C_3-Karbid durch die Elektronenbeugungsaufnahmen nicht gefunden wurde. Zur vollständigen Erklärung muß jedoch außerdem noch angenommen werden, daß es im allgemeinen an anderen Stellen des Gefüges ausgeschieden ist als das $M_{23}C_6$-Karbid. Unter diesen Voraussetzungen ist bei den wenigen Beugungsaufnahmen die Wahrscheinlichkeit gering, beide Karbidphasen zu erfassen.

Aus dieser Deutung der Beobachtungen ergibt sich, daß das perlitartige Eutektoid nicht nur durch das $M_{23}C_6$-Karbid gebildet werden kann, sondern auch durch das M_7C_3-Karbid. Als folgerichtig ist dann weiter anzunehmen, daß die nach dem System Fe—Cr—C möglichen ternären Phasengemenge $\alpha + M_3C + M_7C_3$ und $\alpha + M_7C_3 + M_{23}C_6$ bei unmittelbarem Entstehen aus dem Austenit ebenfalls in einer dem Perlit ähnlichen Anordnung auftreten können. Unter diesen Voraussetzungen ist es im vorliegenden Falle als grundsätzlich möglich anzusehen, daß das lamellare Eutektoid »P« stellenweise auch die beiden Phasen M_7C_3 und $M_{23}C_6$ nebeneinander enthält. Hierfür konnte allerdings ein eindeutiger Nachweis nicht erbracht werden. Dies kann aber damit zusammenhängen, daß bei ähnlicher Ausbildung verschieden zusammengesetzter Gefüge keine gezielte Auswahl unter den betreffenden Stellen vorgenommen werden kann.

Die beobachteten Umwandlungsvorgänge des Stahles X 38 CrMoV 5 1 sind mit einem Reaktionsschema nach Gesetzmäßigkeiten des Gleichgewichtes nicht in Einklang zu bringen. Nach den voreutektoidisch ausgeschiedenen VC-Karbiden müßte sich zunächst das entsprechende Eutektoid »F + K« bilden und nicht das perlitartige Eutektoid »P«. Auch die Aufeinanderfolge bzw. das Nebeneinander dieser binären Phasengemenge mit unterschiedlichen Karbidphasen ist nicht möglich. Daher ist es naheliegend, diese Vorgänge auf die nach dem Weichglühen erkennbaren schwachen Kristallseigerungen (Abb. 20a) zurückzuführen. Dies gilt insbesondere auch für die zu vermutende, örtlich getrennte Bildung des M_7C_3- und $M_{23}C_6$-Eutektoids. Dabei ist das Fehlen einer entsprechenden Zeiligkeit im Gefüge unter der Voraussetzung der ähnlichen Ausbildung verständlich.

6.34 Umwandlung der Karbidbestandteile

Zur Prüfung der Beständigkeit der eutektoidischen Karbidphasen, vor allem der M_7C_3- und $M_{23}C_6$-Karbide wurde in Ergänzung zu dem langzeitigen Glühversuch eine isothermische Umwandlung bei 730° C mit einer auf 50 h verlängerten Haltedauer durchgeführt. Diese Behandlung hat nach den Abb. 25a–c im Vergleich zu der mit 6000 s Haltedauer (Abb. 24a–e) bereits eine deutliche Einformung der Karbidbestandteile bewirkt. Der Zusammenhang mit den Bereichen der beiden

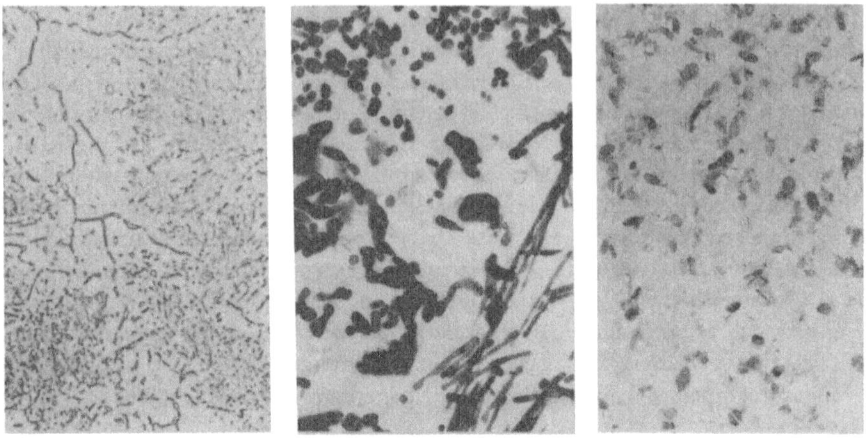

a) 1000:1 b) Ausziehabdruck 14000:1 c) Ausziehabdruck 14000:1

Abb. 25 Stahl X 38 CrMoV 5 1 (D) – Gefüge und Karbidformen nach technischer Austenitisierung und isothermischer Umwandlung in der Perlitstufe bei verlängerter Haltedauer: 15 min 1030° C/50 h 730° C/H_2O

a) Gesamtgefüge. $M_{23}C_6$—(M_7C_3)-Eutektoid P (viele Karbide) und VC-Eutektoid F + K nach Einformung der Karbide

b) Eutektoidische $M_{23}C_6$—(M_7C_3)-Karbide (ehemals lamellar wie in Abb. 24c)

c) Eutektoidische VC-Karbide (ehemals fein wie in Abb. 24d)

verschiedenartigen Eutektoide »P« und »F + K« ist jedoch noch erkennbar (Abb. 24a und 25a).

Aus den ehemals lamellenförmigen, verästelten $M_{23}C_6$- oder vermutlich auch M_7C_3-Karbiden des perlitähnlichen Eutektoids »P« in Abb. 24c sind nach dem Ausziehabdruck der Abb. 25b teilweise bereits rundliche Kristalle entstanden. Die Elektronenbeugung zeigte für eine Stelle Linien des Chromkarbids M_7C_3 sowie zwei Reflexe, die nur dem M_6C-Karbid zuzuordnen waren. Für eine andere Stelle ergab sich ein Beugungsbild, das ebensogut durch die Kristallstruktur des M_7C_3-Karbids wie durch die des $M_{23}C_6$-Karbids zu deuten war. Für die Gegenwart von M_6C-Karbiden bestanden jedoch hier keine Anhaltspunkte.

Die Karbidbestandteile des hellen Eutektoids »F + K« in Abb. 25c sind nach einem Vergleich mit dem Zustand in Abb. 24d zu wesentlich gröberen Kristallen zusammengewachsen. Hierbei sind Strukturänderungen nicht eingetreten.

Parallel durchgeführte Röntgenbeugungsaufnahmen an einem elektrolytisch isolierten Rückstand und einem durch starkes Ätzen mit Karbidteilchen angereicherten Ausziehabdruck zeigten in Übereinstimmung mit den vorstehenden Ergebnissen des Elektronenmikroskops die Phasen $M_{23}C_6$, M_7C_3 und VC. Linien des M_6C-Karbids waren jedoch nicht nachzuweisen. Dagegen traten in den Diagrammen des Ausziehabdruckes und einer kolloidalen Fraktion des Isolates noch

einige schwache Linien in Erscheinung, die keiner Karbidphase eindeutig zugeordnet werden konnten.
Nach diesen Ergebnissen liegen im Rückstand nach der auf 50 h verlängerten Haltedauer trotz der Veränderung im Gefüge noch die gleichen Phasen vor wie im Rückstand nach 6000 s Haltedauer beim Ende des Austenitzerfalls. Als besonders wesentlich ist hervorzuheben, daß bei einem Vergleich der Linienintensitäten in den beiden Röntgendiagrammen eine Änderung im Mengenverhältnis der $M_{23}C_6$- und M_7C_3-Karbide nicht feststellbar war. Daraus kann geschlossen werden, daß die Unterschiede in den Ergebnissen der Elektronenbeugung nicht auf Phasenumwandlungen zurückgeführt werden müssen. Diese können vielmehr als kennzeichnend für die örtlich getrennte Bildung der $M_{23}C_6$- und M_7C_3-Karbide angesehen werden, vor allem aber als eine Bestätigung für die vermutete Ähnlichkeit in ihrer Wachstumsform und in der damit zusammenhängenden Ausbildung der betreffenden eutektoidischen Gefüge.
Während der langzeitigen Glühung von 200 h bei 750° C sind die Einformungsvorgänge entsprechend Abb. 26a noch weiter fortgeschritten als nach der verlängerten isothermischen Behandlung bei 730° C (Abb. 25a). Trotzdem läßt sich das Gefüge durch die Ausscheidungen auf den Korngrenzen und die häufig zu beobachtende Ausrichtung der Karbide nach den ehemaligen Lamellen des perlitartigen Eutektoids »P« noch immer in einen Zusammenhang mit dem Ausgangszustand in Abb. 24a bringen. In den Bereichen des ursprünglichen Vanadinkarbid-Eutektoids werden die Karbidteilchen durch die Einformung lichtoptisch gerade sichtbar. Ihre Menge erscheint verhältnismäßig gering.
Röntgenografische Strukturbestimmungen an einem isolierten Rückstand und einem mit Karbideinschlüssen angereicherten Ausziehabdruck führten ungeachtet der sehr weitgehenden Einformung im wesentlichen noch zu den gleichen Ergebnissen wie bei den isothermisch umgewandelten Proben. Als Hauptbestandteile in anscheinend unverändertem Mengenverhältnis wurden die Karbidphasen $M_{23}C_6$ und M_7C_3 nachgewiesen sowie in kleinen Mengen VC-Karbide. Im Beugungsdiagramm des Ausziehabdruckes zeigten sich wiederum schwache, nicht zu

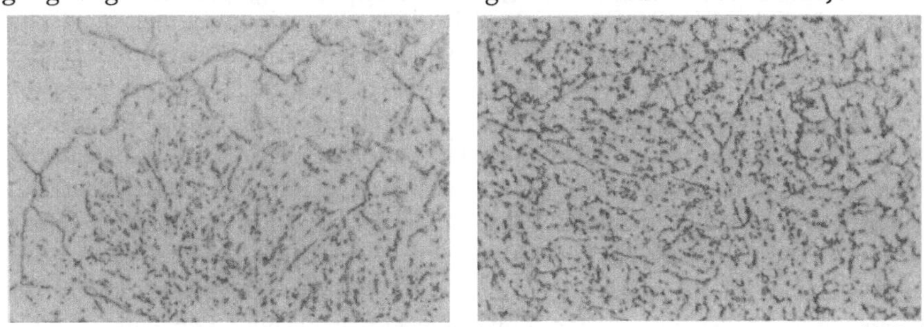

a) 1000:1 b) 1000:1

Abb. 26 Stahl X 38 CrMoV 5 1 (D) – Gefüge nach langzeitigem Glühen und Anlassen
a) 15 min 1030° C/6000 s 730° C/H_2O + 200 h 750° C/Luft, Ferrit, Karbide: $M_{23}C_6$, M_7C_3, M_6C (w) VC (sw)
b) 15 min 1030° C/H_2O + 200 h 750° C/H_2O Ferrit, Karbide: M_7C_3, M_6C, VC (sw)

deutende Linien. Diese Linien traten in der Aufnahme des Isolates noch stärker in Erscheinung und ergaben mit noch neu hinzugekommenen ein Linienmuster, das dem M_6C-Karbid zugeordnet werden konnte, und vermutlich auch in diesem Falle die bei der Austenitisierung nicht aufgelösten Teilchen wiedergibt. Einige Linien blieben noch ungedeutet.

Nach diesen Ergebnissen der langzeitigen Wärmebehandlungen sind die beim Austenitzerfall in der Perlitstufe entstehenden Karbidphasen sehr stabil. Daher könnte angenommen werden, daß dieser Zustand bereits dem Gleichgewicht entspricht. Diese Annahme wird jedoch nach dem Vorhergehenden dadurch in Frage gestellt, daß die Bildung der Phasen sehr wahrscheinlich mit Kristallseigerungen zusammenhängt. Zur Klärung liegen Untersuchungsergebnisse von K. Kuo [96] an Chrom–Wolfram-Stählen mit zum Teil kleinen Gehalten an Molybdän und Vanadin vor. Bei Legierungen, die mit einem niedrigen W:C-Atomverhältnis von etwa 0,2 bis 0,4 dem Mo:C-Verhältnis des Stahles X 38 CrMoV 5 1 entsprechen, wurde das Cr:C-Verhältnis zwischen rd. 0,1 und 10 systematisch abgestuft. Nach einer isothermischen Umwandlung bei 700° C stellte sich das Gleichgewicht bereits nach 25 h ein. Als Karbidphase trat in allen Fällen zum Unterschied von den hier vorliegenden Ergebnissen allein das $M_{23}C_6$-Karbid auf. Nur seine Zusammensetzung änderte sich verständlicherweise mit steigendem Cr:C-Verhältnis der Legierungen vor allem durch eine Zunahme des Chromgehaltes von rd. 2 auf 60% auf Kosten des Eisengehaltes.

Obwohl der Stahl X 38 CrMoV 5 1 nicht mit Wolfram, sondern mit Molybdän legiert ist, können die Ergebnisse wegen der Isomorphie der betreffenden Karbide und der Ähnlichkeit ihrer Reaktionen [78] grundsätzlich übertragen werden. Danach ist von den hier als Hauptbestandteile nachgewiesenen Phasen nur das $M_{23}C_6$-Karbid als Gleichgewichtsphase anzusehen, das M_7C_3-Karbid jedoch nicht. Dies gilt auch für das in kleinen Mengen beobachtete M_6C-Karbid. Dagegen muß wegen des hohen Vanadingehaltes im Stahl X 38 CrMoV 5 1 damit gerechnet werden, daß zum Unterschied von den durch Kuo untersuchten Legierungen auch das VC-Karbid im Gleichgewicht auftritt.

Die Beständigkeit der M_7C_3- und M_6C-Karbide läßt sich am besten mit der für ihre Bildung als ausschlaggebend anzunehmenden Kristallseigerung erklären. Dabei ist im Bereich der M_7C_3-Karbide eine Legierungs- und Kohlenstoff-Konzentration vorauszusetzen, die eine Umwandlung in das $M_{23}C_6$-Karbid nicht ermöglicht. Damit ist zugleich auch die Umwandlung der M_6C-Karbide entscheidend gehemmt, da sie nach den Strukturbestimmungen nur im Bereich der M_7C_3-Karbide auftreten und diese im Gegensatz zum $M_{23}C_6$-Karbid nur eine geringe Löslichkeit für Molybdän haben. Unter diesen Voraussetzungen können sich die beiden metastabilen Phasen nur dann in das Gleichgewichtskarbid umwandeln, wenn zwischen den geseigerten Zonen ein entsprechender Diffusionsausgleich möglich ist. Dieser Vorgang läuft bei der Glühtemperatur von 750° C erfahrungsgemäß nur in außerordentlich langen Zeiten ab.

Die notwendigen Umsetzungen der Karbidbestandteile können auch dadurch erschwert sein, daß die Phasengemenge dem Gleichgewichtszustand schon sehr nahe sind. Unter dieser Voraussetzung ist die Triebkraft zur Einstellung des

Gleichgewichts nur sehr gering. Diese Deutung scheint nach den folgenden Ergebnissen der Strukturbestimmungen nach dem Anlassen besonders auch für die hierbei ablaufenden Vorgänge zuzutreffen.
Das betreffende Gefüge zeigt bei der hohen, lichtoptischen Vergrößerung der Abb. 26b in der Anordnung der Karbidausscheidungen noch kennzeichnende Merkmale für den martensitischen Ausgangszustand. Verglichen mit dem ebenfalls vergüteten Anlieferungszustand in Abb. 20b sind jedoch die Karbidbestandteile bedeutend gröber und demzufolge nicht mehr so dicht gelagert. Die größten zu beobachtenden Teilchen sind aber immer noch feiner als die groben Ausscheidungen in den Korngrenzen des Glühgefüges in Abb. 26a.
Der isolierte Rückstand enthielt nach Röntgenbeugungsbildern die Karbidphasen M_7C_3, M_6C und VC die auch für den vergüteten Ausgangszustand gefunden wurden. Zum Unterschied hiervon ergab sich jedoch aus den Linienintensitäten, daß der Mengenanteil des Chromkarbids größer ist als der des Molybdänkarbids. Das für den Gleichgewichtszustand kennzeichnende $M_{23}C_6$-Karbid [96], das sowohl bei den isothermischen Umwandlungen in der Perlitstufe als auch bei der langzeitigen Nachglühung neben dem M_7C_3-Karbid als ein Hauptbestandteil auftrat, konnte nicht nachgewiesen werden. Dieser entscheidende Unterschied in den Phasenzuständen nach dem Glühen und Anlassen wurde bei keinem der untersuchten Stähle festgestellt. Er ist damit kennzeichnend für die Schwierigkeiten in der Gleichgewichtseinstellung. Gegenüber dem vergleichbaren Anlieferungszustand scheint zwar durch die längere Haltedauer mit der Verschiebung des Mengenverhältnisses zwischen dem M_7C_3- und M_6C-Karbid zugunsten des Chromkarbids eine Annäherung an das Gleichgewicht eingetreten zu sein. Das M_6C-Karbid kann jedoch aus den obengenannten Gründen erst in Zusammenhang mit der Umwandlung von M_7C_3-Karbiden zu $M_{23}C_6$-Karbiden völlig aufgelöst werden.
Mit dieser Deutung der Ergebnisse wird dem Reaktionsweg, d. h. den sich bildenden karbidischen Übergangsphasen ein entscheidender Einfluß auf die Zeiten bis zur Gleichgewichtseinstellung beigemessen. Zu dieser Auffassung führen auch die bereits angeführten Untersuchungen [96]. Insbesondere sei hier auf eine Legierung mit 0,34% C; 3,25% Cr; 0,18% Mo; 1,58% W und 0,08% V bei einem Atomverhältnis W : C von 0,30 und Cr : C von 2,21 hingewiesen. Sie zeigt nach längerem Anlassen die gleichen Phasen wie die vorliegende Schmelze, vom Vanadinkarbid abgesehen. Bei kurzen Zeiten liegt zunächst nur das Chromkarbid M_7C_3 vor. Nach 5 h bildet sich dann in kleinerer Menge zusätzlich auch das Wolfram–Molybdän-Karbid M_6C. Das Gleichgewichtskarbid $M_{23}C_6$ tritt aber neben diesen Phasen erst nach 500 h auf. Die Einstellung des Gleichgewichtszustandes benötigt offensichtlich noch wesentlich längere Zeiten. Dagegen wurde es nach isothermischer Umwandlung in der Perlitstufe – wie schon erwähnt – bereits nach 25 h erreicht. In dieser Hinsicht ähnlich verhalten sich auch die anderen Cr—W-Legierungen der von Kuo untersuchten Reihe [96]. Selbstverständlich treten aber dabei in Abhängigkeit von der Zusammensetzung, insbesondere vom Gehalt an Chrom, andere Karbide bzw. Karbidfolgen auf. Als besonders bemerkenswert ist jedoch festzustellen, daß die Zeiten bis zur Einstellung des

Gleichgewichts beim Anlassen in keinem direkten Verhältnis zur Höhe des Legierungsgehaltes bzw. der Zusammensetzung stehen, sondern offenbar in erster Linie von dem jeweiligen Reaktionsweg abhängig sind. Das bedeutet, daß die Zusammensetzung durch ihren Einfluß auf die sich bildenden Phasen nur eine sekundäre Rolle spielt.

6.35 Chemische Zusammensetzung und Menge der Karbidbestandteile

Die Rückstände des Stahles X 38 CrMoV 5 1 (Schmelze D), die nach den Wärmebehandlungen in Tab. 4 isoliert wurden, enthielten die in Tab. 11 zusammengefaßten Gehalte an den karbidbildenden Elementen.

Die *Analysensummen* liegen auch bei dieser Schmelze durchwegs innerhalb der analytischen Fehlergrenze, ausgenommen die der »kolloidalen« Isolatanteile. Die größten Abweichungen treten naturgemäß bei den Isolaten der Behandlungszustände GW_0 und GP_1 mit verhältnismäßig kleinen Karbidteilchen auf.

Die *Legierungsgehalte* des Isolates, bezogen auf 100 g Stahl, überschreiten in keinem Falle die betreffenden Werte der Stahlanalyse. Nur der C-Gehalt liegt aus den schon genannten Gründen wie bei den anderen Stählen teilweise etwas höher.

Der Anteil der karbidbildenden Elemente im Isolat ist gegenüber dem Stahl 60 WCrV 7 noch weiter abgesunken als beim Stahl 45 CrVMoW 5 8. Er liegt jedoch wie in diesen Fällen im Durchschnitt für das Vanadin mit rd. 65% am höchsten, für das Chrom mit rd. 42% am niedrigsten und für das Molybdän mit rd. 53% dazwischen.

Die Zusammensetzung der isolierten Rückstände in *Atomprozenten* ist mit den ermittelten Karbidstrukturen in Tab. 12 wiedergegeben und wie im vorhergehenden zusammen mit den Karbidmengen in Abb. 27 grafisch aufgetragen.

Die *Karbidmengen* unterscheiden sich nicht wesentlich von denen des Stahles 45 CrVMoW 5 8 (Abb. 19), der den gleichen C-Gehalt hat. Die Änderung der Menge ist nur gering und nicht wie im vorhergehenden mit Strukturumwandlungen in einen eindeutigen Zusammenhang zu bringen. Nach den Ergebnissen über die chemische Zusammensetzung zu urteilen (Tab. 11) bewegen sich die Unterschiede im wesentlichen innerhalb der Fehlergrenze, so daß eine Deutung nicht möglich ist.

In der chemischen *Zusammensetzung* des Rückstandes ist durch den hohen Gehalt der Schmelze D an Chrom dieses vorherrschend und nicht mehr das Eisen wie bei den vorhergehenden, chromärmeren Stählen. Verhältnismäßig gering sind erwartungsgemäß die Gehalte an Molybdän und Vanadin. Die Wärmebehandlungen und die dabei teilweise eintretenden Strukturumwandlungen ändern an der Zusammensetzung nur wenig. Als wesentlichstes Ergebnis führt die zunehmende Haltedauer zu einer Anreicherung an Chrom und – in sehr geringem Maße – auch an Vanadin. Die Gehalte an Molybdän und hauptsächlich an Eisen ändern sich vorwiegend im entgegengesetzten Sinne. Das Verhalten des Kohlenstoffs ist verdeckt durch die Analysenüberschreitungen. Diese bewirken natürlich auch eine geringe Verfälschung in den Werten der anderen Elemente.

Tab. 11 Menge und chemische Zusammensetzung der Isolierungsrückstände des Stahles X 38 CrMoV 5 1 *(Schmelze D) in Gewichtsprozenten nach den Wärmebehandlungen in Tab. 4*

Wärme-behandlung (Tab. 4)	Anteile des Isolats	Chemische Zusammensetzung in Gew.-% bezogen auf das Isolat					Analysen-summe in Gew.-%	Isolat-menge in Gew.-%	Chemische Zusammensetzung in Gew.-% bezogen auf den Stahl				
		C	Cr	Mo	V	Fe			C	Cr	Mo	V	Fe
GW_0	unmagnet.	7,9	47,1	12,3	4,5	23,3	91,98	4,88	0,39	2,30	0,60	0,22	1,14
HW_1	keine ungelösten Karbidbestandteile nachweisbar												
GP_1	Isolat[1]	8,9	39,9	9,8	5,8	30,9	90,2	5,28	0,47	2,11	0,51	0,30	1,63
	Kolloid	11,1	35,3	n. b.	13,6	27,6	69,96	0,18	0,02	0,06	n. b.	0,02	0,05
	Summe	9,0	39,8	~ 9,3	5,9	30,8	–	5,46	0,49	2,17	~ 0,51	0,32	1,68
GP_2	Isolat[1]	8,6	45,0	8,3	5,6	28,0	95,95	5,40	0,47	2,43	0,45	0,30	1,51
	Kolloid	9,5	43,0	n. b.	10,0	31,5	86,1	0,073	0,007	0,03	n. b.	0,008	0,023
	Summe	8,8	45,0	~ 8,2	5,7	28,0	–	5,47	0,48	2,46	~ 0,45	0,31	1,53
GP_3	Isolat[1]	8,1	44,8	8,8	6,3	27,8	94,4	5,08	0,41	2,28	0,45	0,32	1,41
	Kolloid	9,8	40,7	n. b.	8,0	33,3	94,3	0,044	0,004	0,02	n. b.	0,004	0,02
	Summe	8,0	44,9	~ 8,8	6,3	27,9	–	5,12	0,41	2,30	~ 0,45	0,32	1,43
GW_1	Isolat, ges.	7,7	46,1	8,2	6,3	27,8	98,1	5,04	0,39	2,32	0,41	0,32	1,40
A_2	Isolat, ges.	8,96	49,4	7,4	7,4	23,3	95,94	4,73	0,42	2,34	0,35	0,35	1,10

n. b. = nicht bestimmt

[1] Ohne Kolloid.

Tab. 12 *Struktur und Zusammensetzung (Atom-%) der Karbidbestandteile im Stahl* X 38 CrMoV 5 1 *(Schmelze D) nach den Wärmebehandlungen in Tab. 4*

Wärmebehandlung (Tab. 4)	Anteile des Isolats	Struktur der Karbidbestandteile	Isolatmenge in Gew.-%	Chemische Zusammensetzung in Atom-%[2] bezogen auf das Isolat				
				C	Cr	Mo	V	Fe
GW_0	unmagnet.	M_6C; M_7C_3; VC (sw)	4,88	29,9	41,2	5,8	4,0	19,0
HW_1	Sp. Karbide	nicht bestimmbar	–	–	–	–	–	–
GP_1	Isolat[1]	$M_{23}C_6$; M_7C_3; (M_6C); Sp. VC; [α-Fe (w)]	5,28	32,5	33,7	4,5	5,0	24,3
	Kolloid	dgl.	0,18	39,1	28,7	n. b.	11,3	20,9
	Summe		5,46	32,8	33,6	4,3	5,1	24,2
GP_2	Isolat[1]	$M_{23}C_6$; M_7C_3; (M_6C); Sp. VC; [α-Fe (w)]	5,40	31,4	38,0	3,8	4,8	22,0
	Kolloid	dgl.	0,073	33,3	34,8	n. b.	8,3	23,7
	Summe		5,47	31,9	37,7	3,7	4,9	21,8
GP_3	Isolat[1]	$M_{23}C_6$; M_7C_3; M_6C (w); Sp. VC	5,08	30,0	38,3	4,1	5,5	22,1
	Kolloid	dgl.	0,044	34,7	33,3	n. b.	6,7	25,4
	Summe		5,12	29,7	38,5	4,1	5,5	22,2
GW_1	Isolat, ges.	$M_{23}C_6$; M_7C_3; M_6C (w); VC (sw)	5,04	28,7	39,7	3,8	5,5	22,3
A_2	Isolat, ges.	M_7C_3; M_6C; VC (sw)	4,73	32,1	40,6	3,3	6,2	17,8

w = wenig – sw = sehr wenig – (M_6C) = zu vermuten – n. b. = nicht bestimmt – Sp. = Spuren

[1] Ohne Kolloid.

[2] Bezogen auf C + Cr + Mo + V + Fe = 100.

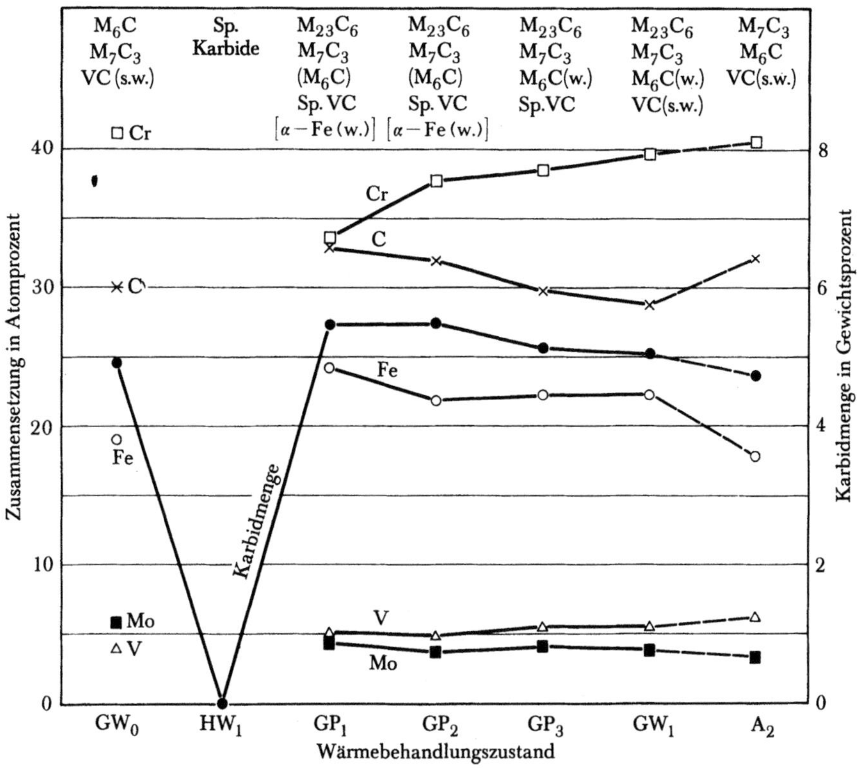

Abb. 27 Stahl X 38 CrMoV 5 1 (D) – Struktur, Menge und Zusammensetzung der Karbidphasen nach den in Tab. 4 angegebenen Wärmebehandlungen (Werte aus Tab. 12)
Atomprozente bezogen auf C + Cr + Mo + Fe = 100
w = wenig, sw = sehr wenig, Sp. = Spuren, (M_6C) = zu vermuten

6.4 Stahl 10 CrMo 9 10

6.41 Chemische Zusammensetzung und Anlieferungszustand

Der warmfeste Baustahl 10 CrMo 9 10 [104] gehört zur Gruppe der Chrom-Molybdän-Legierungen (Stähle Nr. 24, 27, 30 und 31 nach Abb. 3 und Tab. 3). Mit den Richtwerten von 0,15% C; 2,25% Cr und 1,0% Mo liegt er in dieser Gruppe im Kohlenstoffgehalt an der unteren Grenze, in den Legierungsgehalten dagegen am höchsten. Demzufolge besitzt er auch das höchste Atomverhältnis der Legierungsmetalle zum Kohlenstoff und liegt in Abb. 3 weit außerhalb des Bereiches der übrigen drei warmfesten Cr—Mo-Baustähle.
Für die untersuchte Schmelze E sind die chemische Zusammensetzung und die Atomverhältnisse in Tab. 1 und 2 angegeben und in Abb. 3 übertragen. Die Analysenwerte liegen innerhalb der vorgeschriebenen Grenzen [104]. Verglichen mit den übrigen Versuchswerkstoffen hat die Schmelze E das höchste Cr:C-Ver-

hältnis und wird auch im (Mo+W):C-Verhältnis nur noch von der Schmelze F des Stahles X 30 WCrV 9 3 übertroffen. Daher ist verständlich, daß bei der Karbidbildung dieses Stahles die Chrom- und Molybdän-Sonderkarbide eine wesentliche Rolle spielen.

Zur Vorbehandlung für die Versuche wurde die Schmelze E nach einer Austenitisierung von 30 min bei 980° C in Öl abgeschreckt und anschließend 2 h bei 700° C angelassen. Diese Vergütungsbehandlung führte nach den Abb. 28a und b zu einem stark zerfallenen Martensit mit punktförmigen Karbidausscheidungen in Orientierung zu den ehemaligen Nadeln und auf den Korngrenzen.

a) 70:1

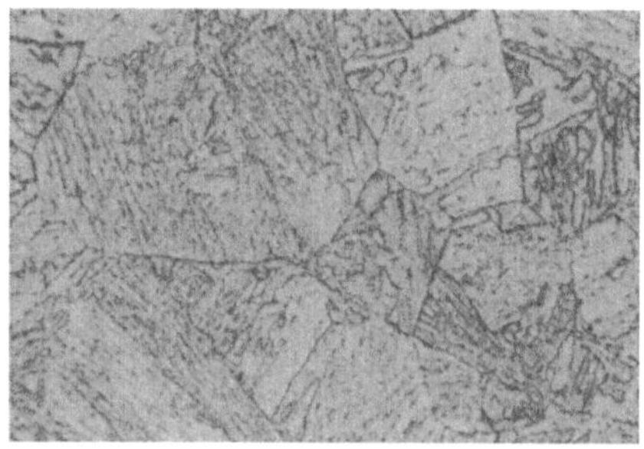

b) 1000:1

Abb. 28 Stahl 10 CrMo 9 10 (E) – Gefüge im weichgeglühten Ausgangszustand: 30 min 980° C/Öl + 2 h 700° C/Luft
Ferrit, Karbide: M_7C_3, $M_{23}C_6$, Mo_2C, M_3C (w)

Die Struktur der Karbidbestandteile wurde sowohl am elektrolytisch isolierten Rückstand als auch an Ausziehabdrucken durch Röntgen- und Feinbereich-Elektronenbeugung untersucht. Als Hauptmenge wurde das Chromkarbid M_7C_3 gefunden, fernerhin die Phasen M_2C (Mo_2C) und $M_{23}C_6$ sowie das Eisenmischkarbid M_3C. Die Sonderkarbide müssen in der Hauptsache bei der Anlaßtemperatur von 700° C entstanden sein. Das Eisenmischkarbid kann sich dagegen – wenigstens teilweise – bereits während der Erwärmung ausgeschieden haben.

Für das M_7C_3-Karbid wurden als Gitterkonstanten folgende Werte gemessen:

$$a = 13{,}989\ \text{Å} \qquad c = 4{,}504\ \text{Å} \qquad c/a = 0{,}322$$

Im Gegensatz dazu wurde in reinen Chromstählen für einen Mischkristall mit 35% Fe ein Wert für die Gitterkonstante a von etwa 13,92 Å nachgewiesen. Der im vorliegenden Falle gemessene, größere Wert kann durch einen geringeren Fe-Gehalt gedeutet werden.

Die Interferenzlinien des Mo_2C-Karbides waren leicht verbreitert. Diese Verbreiterung kann auf die geringe Größe der Teilchen zurückgeführt werden, sie läßt sich aber auch mit Unterschieden in der Zusammensetzung erklären. Für die Gitterkonstanten ergaben sich folgende Werte:

$$a = 2{,}961\ \text{Å} \qquad c = 4{,}686\ \text{Å} \qquad c/a = 1{,}582$$

Für das reine, binäre Mo_2C-Karbid werden in der Literatur [78] größere Werte bei gleichem Verhältnis angegeben, nämlich:

$$a = 3{,}022\ \text{Å} \qquad c = 4{,}724\ \text{Å} \qquad c/a = 1{,}582$$

Die vorliegende Kontraktion des Gitters läßt sich auf den Austausch von Molybdänatomen gegen kleinere Atome des Eisens und möglicherweise auch des Chroms zurückführen. Nach Kuo [96] beträgt die Löslichkeit des Mo_2C-Karbides für Eisen weniger als 5%, für Chrom dagegen bis zu 45%. Wever, Krisch und Wiester [116] haben aber nachgewiesen, daß bei Ausscheidung aus einer Eisengrundmasse zu Beginn höhere Eisengehalte von 9 Gew.-% möglich sind. Auf die Zusammensetzung der gebildeten Karbidphasen wird später noch näher eingegangen.

6.42 Austenitisierungszustand

Der Stahl 10 CrMo 9 10 ist unter den Versuchswerkstoffen die einzige untereutektoidische Legierung. Die Bildung des Austenits beginnt bei 780° C (Ac_1) und endet bei 870° C (Ac_3). Im üblichen Abstand von 30° C erfolgt technisch die Austenitisierung zwischen 900 und 960° C. Unter den Versuchsbedingungen von 10 min bei 980° C konnten – wie danach zu erwarten – keine ungelösten Karbidteilchen mehr festgestellt werden.

6.43 Austenitzerfall und Karbidbildung

Der isothermische Zerfall des Austenits nach einer Behandlung von 10 min bei 980° C wird durch das ZTU-Schaubild in Abb. 29 beschrieben. Die Perlit- und Zwischenstufe sind auch bei diesem Stahl durch eine ausgeprägte, umwandlungsfreie Zone zwischen 550 und 600° C getrennt. Durch den niedrigen Kohlenstoffgehalt ist die untere Grenze im Vergleich zu den übrigen Beispielen zu höheren Temperaturen verschoben. Das gilt insbesondere auch für den Martensitpunkt von 465° C. Hierdurch fällt das Ende der Zwischenstufenumwandlung in den Bereich der Martensitstufe, so daß auch bei isothermischer Behandlung neben Zwischenstufengefüge immer Martensit in temperaturabhängigkeiten Mengen gebildet wird.

Der Beginn und das Ende der Umwandlung werden durch den Gehalt an Molybdän wie beim Stahl 45 CrVMoW 5 8 in der Perlitstufe wesentlich später erreicht als in der Zwischenstufe. Da die kurze Anlaufzeit für die Zwischenstufenumwandlung gleichzeitig eine hohe, obere kritische Abkühlungsgeschwindigkeit bedingt [1], ist bereits durch eine Luftabkühlung eine sogenannte »Vergütung« zu erreichen. Hierbei können bis zu rd. 95% Zwischenstufengefüge auftreten.

Die Umwandlungsvorgänge in der Perlitstufe sind bereits in der eingangs erwähnten Arbeit [2] behandelt worden. Die Ergebnisse werden im folgenden wegen der beabsichtigten Zusammenfassung in der vorliegenden Darstellung, hauptsächlich aber wegen verschiedener Berichtigungen auf Grund nachträglicher Beobachtungen und Prüfungen noch einmal wiedergegeben. Bei den früheren Strukturuntersuchungen [2], die sich ausschließlich auf die Karbidphasen bei der

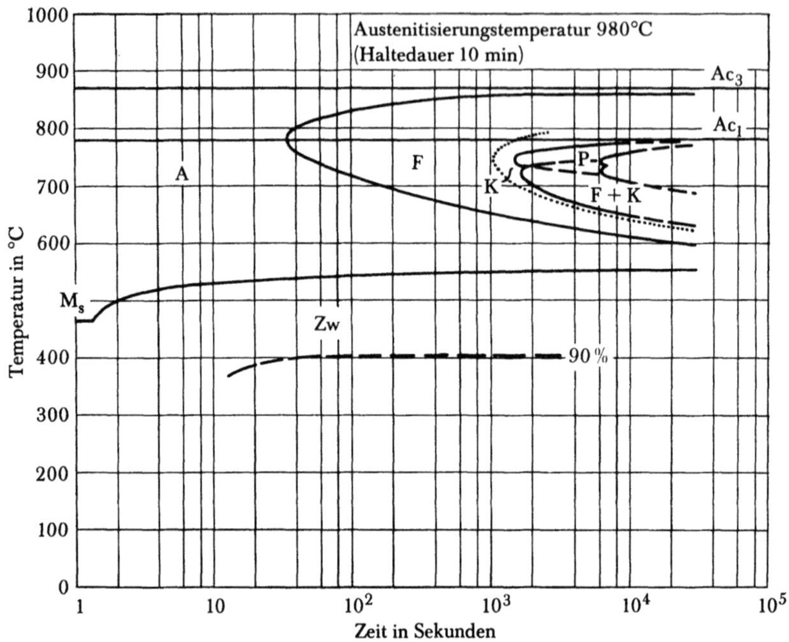

Abb. 29 Stahl 10 CrMo 9 10 (E) – Isothermisches ZTU-Schaubild für die technische Austenitisierungstemperatur [1]

Austenitumwandlung in der Perlitstufe beschränkten, ließen sich die Beugungsdiagramme nicht immer eindeutig aufklären. Diese Unsicherheiten konnten durch eine Überprüfung der damaligen Ergebnisse sowie insbesondere aus dem Zusammenhang mit den Karbidreaktionen bei den anderen Wärmebehandlungen in dem erweiterten Rahmen der vorliegenden Untersuchung beseitigt und verschiedene Fehldeutungen richtiggestellt werden. Außerdem wird bei der Darstellung der Umwandlungsvorgänge im ZTU-Schaubild (Abb. 29) gegenüber früher berücksichtigt, daß die Struktur der eutektoidischen Karbidphasen und die damit zusammenhängende Gefügeausbildung von der Bildungstemperatur abhängig sind.

Die Umwandlungen in der Perlitstufe werden wegen des niedrigen Kohlenstoffgehaltes erwartungsgemäß durch die Ferritbildung beherrscht. Bei der Temperatur der »Perlitnase« entstehen nach dem ZTU-Schaubild rd. 75% Ferrit. Als Besonderheit scheiden sich aus dem Ferrit nachträglich kurz vor Beginn der eutektoidischen Reaktion Karbidteilchen »K« aus. Diese tertiäre Ausscheidung ist auch bei anderen untereutektoidischen Molybdänstählen beobachtet worden [1, 2, 103, 117]. Sie wird auf eine Nachdiffusion von Molybdän zum Ferrit zurückgeführt [38].

Bei der eutektoidischen Reaktion werden sowohl lamellare, perlitähnliche Gefüge »P« als auch nichtlamellare Gefüge »F + K« gebildet. Zum Unterschied von den Stählen 45 CrVMoW 5 8 und X 38 CrMoV 5 1 (Abb. 15 und 22) treten diese beiden Ausbildungsformen aber nicht bei allen Temperaturen der Perlitstufe auf, sondern das lamellare Eutektoid »P« beschränkt sich auf den oberen Bereich und das nichtlamellare Eutektoid »F + K« auf den unteren (Abb. 29). Nur in einer begrenzten Übergangszone erscheinen beide Gefügearten nebeneinander.

Die Ferritbildung geht nach den Gefügeuntersuchungen von den Austenitkorngrenzen aus. Die Abb. 30a zeigt den Zustand nach einer teilweise isothermischen Umwandlung von 240 s bei 740° C mit einer Ferritmenge von etwa 25% neben

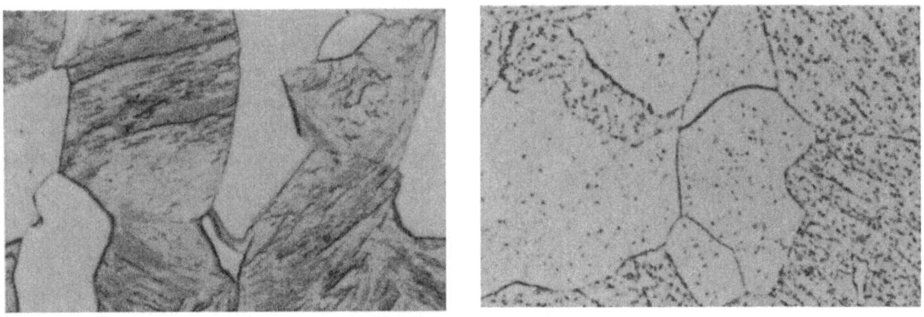

a) 1000:1 b) 1000:1

Abb. 30 Stahl 10 CrMo 9 10 (E) – Gefüge nach technischer Austenitisierung und teilweiser isothermischer Umwandlung bei 740° C
a) 10 min 980° C/240 s 740° C/H_2O Voreutektoidischer Ferrit, Martensit
b) 10 min 980° C/240 s 740° C/H_2O + 2 h 740° C/H_2O
Voreutektoidischer Ferrit mit tertiär ausgeschiedenen M_2C-Mischkarbiden, angelassener Martensit

Martensit, der beim Abschrecken aus dem noch nicht umgewandelten Austenit entstanden ist. Die hellen Körner des Ferrits sind nach dieser Umwandlungszeit noch frei von tertiären Ausscheidungen. Durch eine Anlaßbehandlung kann aber dieser Vorgang nachgeholt werden, wobei die Menge und Größe der ausgeschiedenen Teilchen mit der Temperatur und Zeit zunehmen. Als Beispiel ist in Abb. 30b der gleiche Zustand wie in Abb. 30a nach zweistündigem Anlassen bei der Bildungstemperatur des Ferrits von 740° C wiedergegeben. Die ausgeschiedenen Teilchen treten sowohl im Ferrit als auch im ehemaligen Martensit deutlich als kleine schwarze Pünktchen in Erscheinung. Im Ferrit geht die Ausscheidung an den Korngrenzen und im Korninneren ohne Orientierung vor sich, wie im linken Bildteil erkennbar ist. Stellenweise scheinen die Teilchen auch auf Unterkorngrenzen zu liegen, die aber nicht sichtbar sind. Zum Unterschied davon stehen die Ausscheidungen in den ursprünglich martensitischen Bereichen noch mit der Nadelstruktur im Orientierungszusammenhang, entsprechend den Kornausschnitten im rechten Bildteil.

Bei weiter fortschreitender isothermischer Umwandlung wird mit der Zunahme der Ferritmenge eine schwache Zeiligkeit in der Anordnung der Körner erkennbar. Die direkte Ausscheidung von tertiären Karbiden aus dem Ferrit beginnt zunächst an den Korngrenzen und setzt sich später auch im Korninneren fort. Mit diesem Vorgang ist eine Ausbuchtung der ursprünglich gradlinigen Korngrenzen des Ferrits in der Wachstumsrichtung entsprechend Abb. 31 verbunden, die sich mit zunehmender Haltedauer verstärkt. In Zusammenhang damit ist eine Abnahme der Umwandlungsgeschwindigkeit festzustellen, so daß eine Wachstumsbehinderung des Ferrits durch die Karbideinschlüsse anzunehmen ist [118].

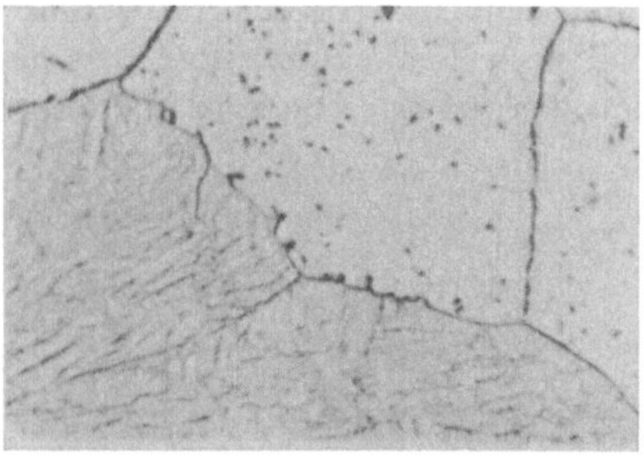

Abb. 31
Stahl 10 CrMo 9 10 (E) – Voreutektoidischer Ferrit mit Ausbuchtungen der Korngrenzen durch tertiäre Ausscheidungen von M_2C-Mischkarbiden während der isothermischen Umwandlung: 10 min 980° C/8400 s 755° C/H_2O 1000:1

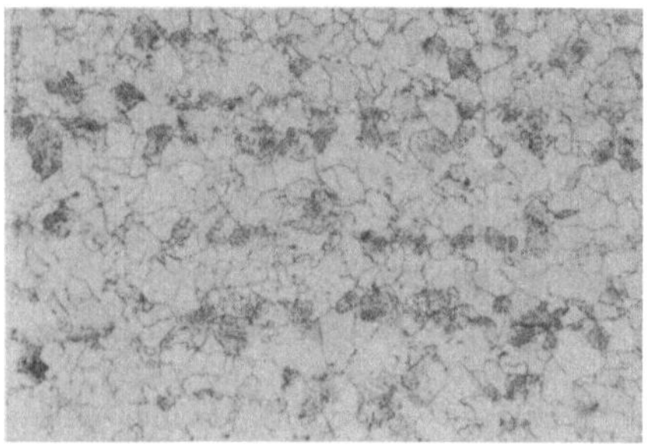

a) 70:1

b) 70:1

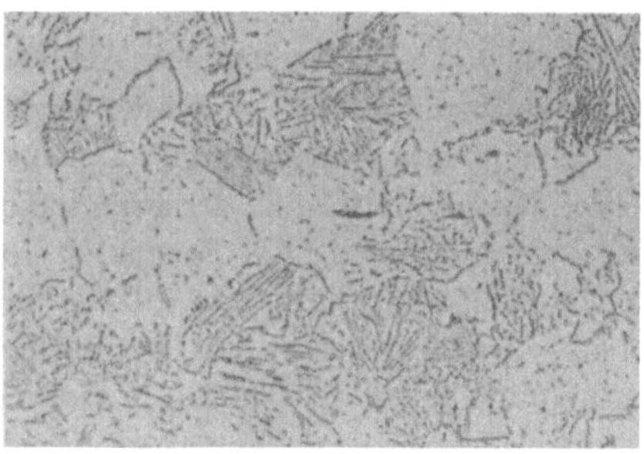

c) 350:1

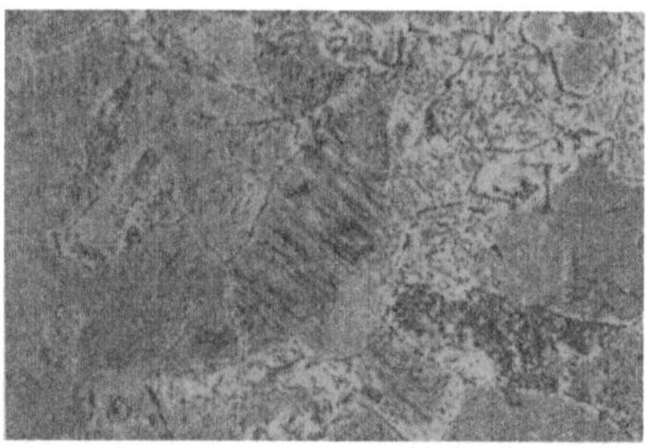

d) 700:1

Abb. 32 Stahl 10 CrMo 9 10 (E) – Gefüge nach technischer Austenitisierung und isothermischer Umwandlung: a) und c) in der oberen und b) und d) in der unteren Perlitstufe

a) 10 min 980° C/50 000 s 755° C/H_2O Schwache Gefügezeiligkeit
b) 10 min 980° C/50000 s 685° C/H_2O Schwache Gefügezeiligkeit
c) 10 min 980° C/50000 s 755° C/H_2O Voreutektoidischer Ferrit mit tertiär ausgeschiedenen M_2C-Mischkarbiden, $M_{23}C_6$-Eutektoid P (lamellar)
d) 10 min 980° C/50000 s 685° C/H_2O Voreutektoidischer Ferrit mit tertiär ausgeschiedenen M_2C-Mischkarbiden (hell), M_2C-Eutektoid F + K (dunkel, stellenweise körnig oder längsgestreift)

Das Gefüge nach beendeter Umwandlung ist in den Abb. 32a–d wiedergegeben. Wegen der unterschiedlichen Ausbildung in der oberen und unteren Perlitstufe, vornehmlich bei den eutektoidischen Gefügen, werden hier die Zustände für die Umwandlungstemperaturen von 755 und 685 °C gegenübergestellt. In den Übersichtsaufnahmen mit 70facher Vergrößerung (Abb. 32a und b) ist eine Zeilenstruktur zu erkennen, die besonders bei der oberen Temperatur deutlich ist, und durch eine entsprechende Anreicherung des eutektoidischen Gefüges hervorgerufen wird.

Der Einfluß der Umwandlungstemperatur auf die tertiäre Karbidausscheidung aus dem Ferrit prägt sich nach den hohen Vergrößerungen in den Abb. 32c und d darin aus, daß die Teilchengröße zugunsten der Teilchenzahl mit sinkender Temperatur abnimmt. Dies bestätigen auch die Ausziehabdrucke in den Abb. 33a und b. Durch Änderung des Abbildungsmaßstabes im Verhältnis 1:9 erscheinen die Karbidkriställchen etwa gleich groß, so daß sie bei 755 °C rd. neunmal größer sein müssen als bei 685 °C. Das gleiche gilt sinngemäß für die Abstände der Teilchen, d. h. ihre Verteilung. Die Wachstumsformen scheinen im Gegensatz dazu von der Bildungstemperatur unabhängig zu sein. In beiden Fällen treten übereinstimmend hauptsächlich rosettenartige Körnchen bzw. Plättchen auf, daneben aber auch Nadeln, die häufig kreuzweise verwachsen sind. Die rosettenartige Ausscheidungsform deutet auf eine heterogene Keimbildung hin. Dementsprechend werden im Kern dieser Teilchen im allgemeinen Fremdeinschlüsse beobachtet. Die nadelige Form läßt zum Unterschied davon auf eine homogene Keimbildung schließen.

Bei der eutektoidischen Reaktion ist die Größe und Verteilung der entstehenden Phasen ebenfalls in starkem Maße von der Umwandlungstemperatur abhängig. So bildet sich in der oberen Perlitstufe entsprechend der Behandlung bei 755 °C (Abb. 32c) ein verhältnismäßig grobes Gefüge, das durch die hauptsächlich länglichen und parallel gerichteten Karbidbestandteile dem Perlit sehr ähnlich sieht und folglich im ZTU-Schaubild (Abb. 29) mit »P« bezeichnet wird. Dement-

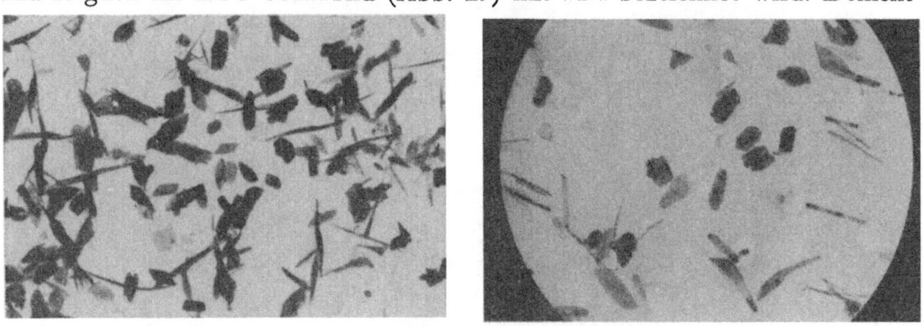

a) Ausziehabdruck: 3500:1 b) Ausziehabdruck: 30000:1

Abb. 33 Stahl 10 CrMo 9 10 (E) – Wachstumsformen der tertiären Mo_2C-Mischkarbide im voreutektoidischen Ferrit bei Ausscheidung während der isothermischen Umwandlung:
a) in der oberen und b) in der unteren Perlitstufe
a) 10 min 980° C/50 000 s 755° C/H_2O
b) 10 min 980° C/50 000 s 685° C/H_2O

sprechend zeigte die Karbidphase im Ausziehabdruck eine lamellare Wachstumsform. In Übereinstimmung mit den Beobachtungen beim Stahl 60 WCrV 7 ist auch hier zwischen dem Eutektoid und dem vorher gebildeten Ferrit keine Korngrenze sichtbar.
In der unteren Perlitstufe ist das Eutektoid so fein ausgebildet, daß das Gefüge lichtoptisch meistens nicht aufgelöst werden kann. Es tritt in diesen Fällen wie in Abb. 32d für die Umwandlungstemperatur von 685°C nur als dunkel getönte Felder in Erscheinung, die manchmal in charakteristischen Säumen eine feine Längsstreifung in der Wachstumsrichtung erkennen lassen und stellenweise mit langgestreckten oder körnigen Karbidteilchen durchsetzt sind. Vereinzelt sind auch Bereiche mit groben, bandförmigen und parallel gerichteten Karbiden zu finden wie in der Bildmitte. Diese Ausbildung führt sehr wahrscheinlich zu der an anderen Stellen beobachteten feinen Längsstreifung. Weitere Einzelheiten des Gefüges sind wegen der besseren Auflösung nur durch Untersuchungen mit dem Elektronenmikroskop zu erkennen. Der in Abb. 34 wiedergegebene Reliefabdruck zeigt in der rechten Hälfte des mit groben Karbidausscheidungen umsäumten Kornes den voreutektoidischen Ferrit mit verhältnismäßig locker verteilten, tertiären Karbidkörnchen. Die linke Hälfte ist dagegen eutektoidisch umgewandelt. In ihrem unteren Teil erscheinen die Karbidkriställchen punktförmig mit regelmäßigen Abständen. Im oberen Teil sind sie in einheitlicher Richtung etwas länglich und vermischen sich nach links mit gröberen, körnigen Teilchen. Diese Bereiche entsprechen sehr wahrscheinlich den dunkel getönten, stellenweise mit

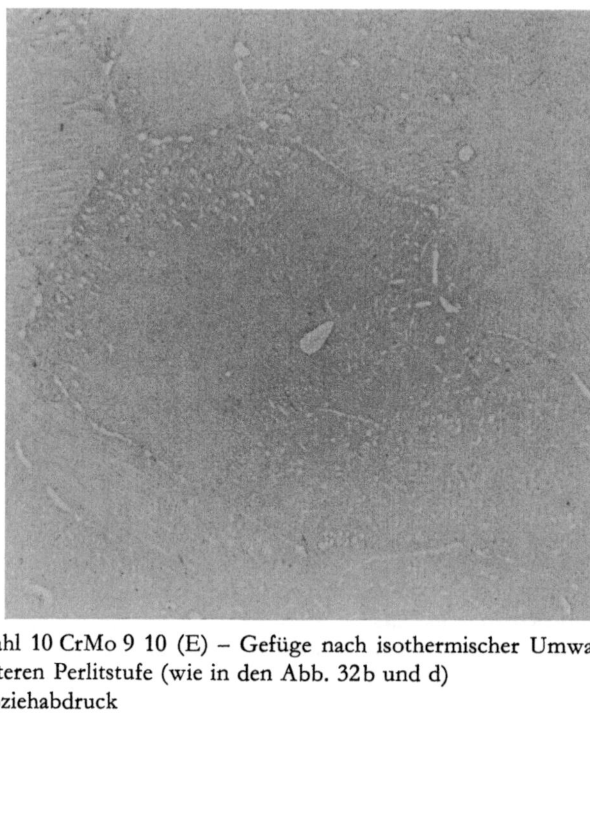

Abb. 34 Stahl 10 CrMo 9 10 (E) – Gefüge nach isothermischer Umwandlung in der unteren Perlitstufe (wie in den Abb. 32b und d)
Abziehabdruck 3000:1

Karbidkörnern durchsetzten Feldern bei lichtoptischer Betrachtung (Abb. 32d). Häufig werden auch sehr langgestreckte eutektoidische Karbidformen wie am linken Rand der Abb. 34 beobachtet, die den Bereichen mit mehr oder weniger feiner Längsstreifung in Abb. 32d eigentümlich sein dürften. Im übrigen läßt sich auch hier zwischen dem voreutektoidischen Ferrit und dem Eutektoid keine Korngrenze erkennen. Wegen der zahlreichen tertiären Ausscheidungen im Ferrit sind deshalb die beiden Gefügearten oft sehr schwer zu unterscheiden.

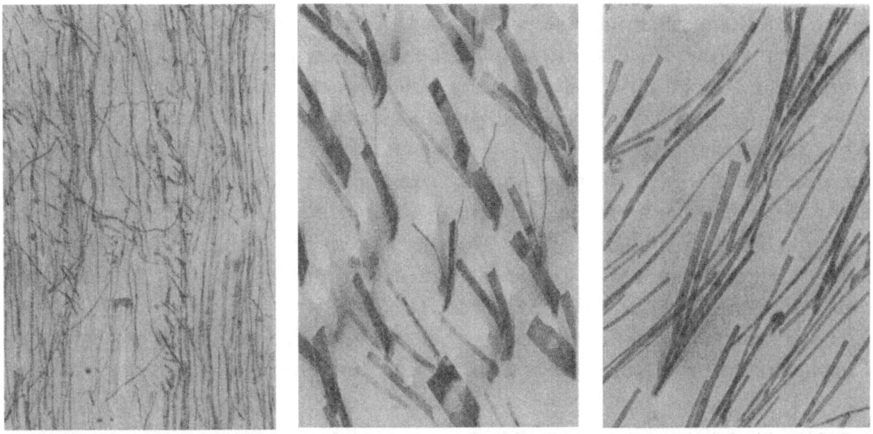

a) Ausziehabdruck: 14000:1 b) Ausziehabdruck: 30000:1 c) Ausziehabdruck: 56000:1

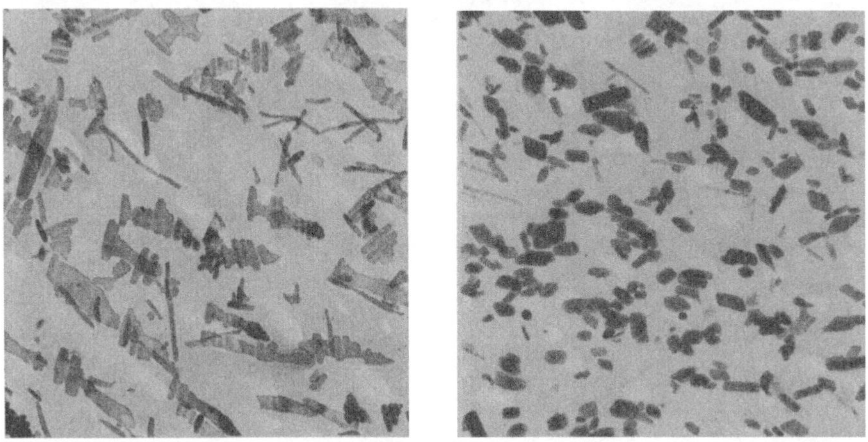

d) Ausziehabdruck: 42000:1 e) Ausziehabdruck: 30000:1

Abb. 35 Stahl 10 CrMo 9 10 (E) – Wachstumsformen der eutektoidischen Karbide nach isothermischer Umwandlung in der unteren Perlitstufe (wie in den Abb. 32b und d):

a) M_2C-Mischkarbide
b) M_2C-Mischkarbide
c) M_2C-Mischkarbide
d) M_2C- und M_6C-Mischkarbide
e) $M_{23}C_6$-Mischkarbide (körnig)

Die eutektoidischen Karbidbestandteile der unteren Perlitstufe sind entsprechend den beobachteten Unterschieden in der Ausbildung des Gefüges sehr formenreich. In den Abb. 35a–e sind die Wachstumsformen zusammengestellt, die für die Umwandlungstemperatur von 685°C an Ausziehabdrucken nachgewiesen werden konnten. Danach kommen neben sehr langen und feinen Fäden (Abb. 35a) auch breitere Bänder (Abb. 35b) vor. Die Bänder sind offensichtlich ebenfalls sehr dünn und durchsichtig und zeigen eine feine Längsstreifung. Diese Erscheinung läßt vermuten, daß die in Abb. 35c wiedergegebenen Büschel aus den Bändern durch eine Längsspaltung entstanden sind, nachdem der sie umgebende Ferrit weggeätzt worden ist. Als eine weitere Form werden in Abb. 35d kurze Stäbchen gezeigt, die quer zu ihrer Längsachse verwachsen sind. Stellenweise hängen diese Ansammlungen von Stäbchen mit bandförmigen Teilchen zusammen, wie sie in Abb. 35b wiedergegeben sind. Daneben tritt auch eine Art Übergangsform auf, die durch eine wellige Begrenzung bei sonst glatter Fläche gekennzeichnet ist. Diese Beobachtungen deuten daraufhin, daß hier eine Umkristallisation der ursprünglich bandförmigen Teilchen vorliegt, wahrscheinlich in Verbindung mit einer Phasenumwandlung. Vereinzelt finden sich im Gefüge auch Anhäufungen von körnigen Karbidkriställchen wie in Abb. 35e.
Zur Veranschaulichung des Bildungsvorganges der hauptsächlich beobachteten Karbidformen ist in Abb. 36 das Gefüge einer Probe im Ausziehabdruck wieder-

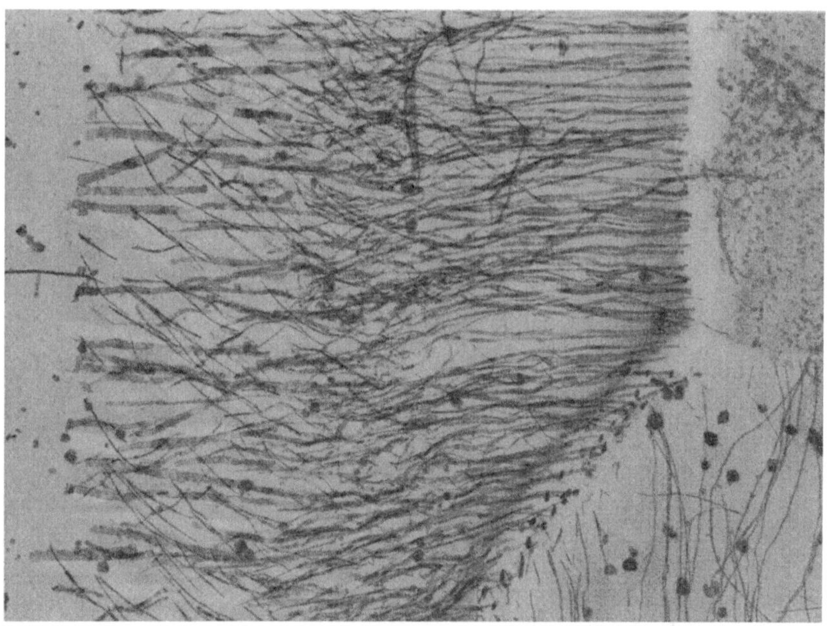

Abb. 36 Stahl 10 CrMo 9 10 (E) – Karbidformen nach unvollständiger Umwandlung in der Perlitstufe bei kontinuierlicher Abkühlung: 10 min 980°C/Ofenabkühlung bis 695°C/H_2O
Ausziehabdruck: 20000:1

gegeben, die zum Unterschied von den sonstigen Behandlungen kontinuierlich im Ofen abgekühlt und nach teilweiser Umwandlung in der Perlitstufe von 695°C in Wasser abgeschreckt wurde. Das Eutektoid ist in kennzeichnender Weise saumartig zwischen dem Ferrit und dem beim Abschrecken aus dem restlichen Austenit gebildeten Martensit angeordnet. Die eutektoidischen Karbidbestandteile sind in Übereinstimmung mit der lichtoptisch beobachteten Längsstreifung (Abb. 32d) langgestreckt und parallel gerichtet. Von dem voreutektoidischen Ferrit in der Abbildung links ist der eutektoidische Zerfall nach rechts in den Austenit fortgeschritten, so daß die zeitliche Reihenfolge in der Entwicklung der Karbidbestandteile in umgekehrter Richtung, d. h. von rechts nach links zu verfolgen ist. In diesem Sinne sind an der Wachstumsfront die fadenförmigen Teilchen wie in Abb. 35a zu beobachten. In den nach links weiter zurückliegenden, also zeitlich früher umgewandelten Bereichen verbreitern sich diese Fäden allmählich zu der Form der Bändchen in Abb. 35b. Im weiteren Verlauf gehen diese bandförmigen Karbide wie in Abb. 35d teilweise in die aus Stäbchen zusammengesetzten Bänder über oder nehmen die vermutlich hierzu führende Übergangsform an. Diese in der Abbildung fixierte Entwicklung der Karbidformen scheint anzuzeigen, daß zwischen den Fäden, Bändern und verwachsenen Stäbchen in den Abb. 35a–d ein stetiger Übergang besteht, der durch zeitabhängige Wachstums- und Umwandlungsvorgänge gesteuert wird.

Die elektrolytische Isolierung der Karbidbestandteile ergab grundsätzlich die gleichen Wachstumsformen. Die Ergebnisse werden bereits in der früheren Arbeit [2] ausführlich beschrieben. Aus diesen Gründen kann an dieser Stelle auf die Wiedergabe von Einzelheiten verzichtet werden.

Die Strukturbestimmung der in den Ausziehabdrucken und im Isolat beobachteten Karbidformen bereitete zum größten Teil erhebliche Schwierigkeiten, weil die Reflexe durch die sehr geringe Teilchengröße stark verbreitert und durch Mischkristallbildung zu anderen Beugungswinkeln verschoben waren. Aus der Verschiebung der Linien ergab sich teilweise ein Zusammentreffen mit Linien anderer Phasen. Bei den früheren Untersuchungen [2] bestanden auf Grund dessen noch verschiedene Unsicherheiten in den Ergebnissen, die deshalb einer eingehenden Prüfung unterzogen wurden.

Die nadel- und rosettenförmigen Teilchen, die noch während der Austenitumwandlung in der Perlitstufe aus dem Ferrit ausgeschieden werden (Abb. 33a und b), wurden ursprünglich als M_6C-Karbide angesprochen. Im Gegensatz dazu wurde nachträglich im Isolat der Probe, bei der die tertiäre Ausscheidung aus dem Ferrit zunächst durch Abschrecken unterdrückt und erst durch Anlassen bei 740°C nachgeholt wurde (Abb. 30b), röntgenografisch als einziges Molybdänkarbid Mo_2C gefunden. Die Beugungslinien zeigten sich wie bei dem vergüteten Anlieferungszustand wegen der geringen Teilchengröße etwas verbreitert und durch Mischkristallbildung gegenüber der reinen, binären Phase zu größeren Beugungswinkeln verschoben. Wegen dieses Gegensatzes in den Ergebnissen für die auf verschiedenen Wegen gebildeten Tertiärausscheidungen wurden Feinbereich-Beugungsaufnahmen von einzelnen Kriställchen der Nadeln und Rosetten angefertigt.

Aus den Reflexen der Nadeln ergab sich kein kubisches Gitter entsprechend der früheren Deutung als M_6C-Karbid, sondern eine hexagonal dichtgepackte Struktur, zu der sowohl das ε-Eisenkarbid als auch das Mo_2C-Karbid gehört. Bei den Temperaturen von 755 bzw. 685°C ist jedoch damit zu rechnen, daß übereinstimmend mit der Anlaßbehandlung nur noch das Sonderkarbid entsteht. Dafür sprechen auch die Gitterkonstanten mit Werten von:

$$a = 2{,}90\ \text{Å} \qquad c = 4{,}57\ \text{Å} \qquad c/a = 1{,}58$$

Diese Werte liegen näher bei den schon erwähnten des reinen Mo_2C-Karbides [78] als bei denen des ε-Karbides entsprechend:

$$a = 2{,}73\ \text{Å} \qquad c = 4{,}33\ \text{Å} \qquad c/a = 1{,}59$$

Aus der nahezu verhältnisgleichen Abnahme der Gitterkonstanten ist zu schließen, daß auch in diesem Falle Molybdängitterplätze durch Eisenatome besetzt sind. Diese Annahme wird hier im besonderen auch durch die nadelige Ausscheidungsform mit orientiertem Wachstum in Richtung der Würfelkanten des Ferrits gestützt. Da die Gitterkonstanten noch kleiner sind als nach den kurzzeitigen Anlaßbedingungen (Abb. 28 und 30b), muß mit einer entsprechend höheren Eisenaufnahme gerechnet werden.

Als Erklärung für die ursprüngliche Fehldeutung der Elektronenbeugungsdiagramme als M_6C-Karbid wurde festgestellt, daß durch die Änderung der Gitterkonstanten Linien des Mo_2C-Karbides mit Linien des M_6C-Karbides zusammenfallen. Diese Auswirkung der Mischkristallbildung kennzeichnet zugleich die Schwierigkeiten bei der Deutung der Beugungsdiagramme.

Das Beugungsbild der Rosetten zeigte grundsätzlich den gleichen Gittertypus wie das der Nadeln, so daß auch diese Teilchen trotz der völlig anderen Wachstumsform als Mo_2C-Karbide und nicht, wie früher angenommen [2], als M_6C-Karbide anzusprechen sind. Die Beugungslinien waren aber zum Unterschied von denen der Nadeln wesentlich unschärfer, wahrscheinlich durch eine Mosaikstruktur bedingt. Daher konnte auch für die Rosetten keine brauchbare Bestimmung der Gitterkonstanten durchgeführt werden.

Für die lamellaren Karbidbestandteile des Eutektoids »P« der oberen Perlitstufe (Abb. 32c) wurde übereinstimmend mit der früheren Deutung der Elektronenbeugungsbilder die Struktur des $M_{23}C_6$-Karbides nachgewiesen. Damit bestätigt sich an einem weiteren Beispiel die Beobachtung an den Stählen 60 WCrV 7 (Schmelzen A und B) und X 38 CrMoV 5 1 (Schmelze D), daß diese Phase bei eutektoidischen Reaktionen eine dem Zementit ähnliche, lamellare Wachstumsform annimmt und dementsprechend zu einer perlitartigen Gefügeausbildung führen kann.

Auch bei den sehr verschieden geformten Karbidbestandteilen des Eutektoids »F + K« in der unteren Perlitstufe (Abb. 32d und 34) erwies sich die Angabe des $M_{23}C_6$-Karbides für die körnigen Kriställchen in Abb. 35e als richtig. Dagegen wurde für die faden- und bandförmigen Teilchen in den Abb. 35a–d wie für die tertiären Ausscheidungen aus dem Ferrit nachgewiesen, daß es sich nicht, wie früher vermutet, um M_6C-Karbide handelt, sondern ebenfalls um Mo_2C-Karbide. Auch hier ließen sich alle Linien der untereinander sehr ähnlichen Beugungsdiagramme eindeutig hexagonal indizieren. Zugleich waren sie jedoch ebenfalls durch Mischkristallbildung so verschoben, daß sie mit Linien des M_6C-Karbides zusammentrafen und dadurch falsch gedeutet wurden. Dementsprechend zeigten diese Teilchen auch die gleiche Abnahme der Gitterkonstanten gegenüber den Werten der binären Phase wie die Tertiärausscheidungen im Ferrit. Beispielsweise ergaben sich für die Fäden in Abb. 35a folgende Werte:

$$a = 2{,}904\ \text{Å}$$
$$c = 4{,}588\ \text{Å} \qquad c/a = 1{,}580$$

Diese Werte stimmen mit denen der tertiären Nadeln nahezu überein.
In den Beugungsaufnahmen der in Bändern verwachsenen Stäbchen (Abb. 35d) traten gegenüber denen der anderen Teilchen zusätzliche Reflexe auf. Ursprünglich wurde angenommen, daß es sich hierbei nur um eine Aufspaltung einzelner Reflexe durch die zu beobachtende Umkristallisation handeln würde. Nach den Überprüfungen sind jedoch diese Reflexe sehr wahrscheinlich dem M_6C-Karbid zuzuordnen. Damit würde sich die Vermutung bestätigen, daß die Umkristallisation bereits eine Phasenumwandlung anzeigt, bei der im vorliegenden Falle aus den ursprünglich gebildeten Mo_2C-Karbiden M_6C-Karbide entstehen.
In Ergänzung zu den vorstehenden Feinbereich-Beugungsaufnahmen an bestimmten Wachstumsformen wurden auch Strukturuntersuchungen an Ausziehabdrucken durchgeführt, mit denen durch eine sehr tiefe Ätzung alle Karbidbestandteile des Gefüges herausgelöst wurden. Die Einzelformen ließen sich hierbei im elektronenoptischen Bild allerdings nur teilweise erkennen, da sich die Teilchen meistens gegenseitig überdeckten. Aus den Linien einer Gesamt-Elektronenbeugungsaufnahme wurden die Strukturen $M_{23}C_6$ und M_6C abgeleitet [2]. Wie nach der Überprüfung der Feinbereich-Beugungsdiagramme zu erwarten, trifft hiervon nur die Struktur $M_{23}C_6$ zu. Dagegen sind die Linien, die als M_6C-Karbid gedeutet wurden, dem M_2C-Mischkristall zuzuordnen. Eine zusätzlich durchgeführte Röntgen-Feinstrukturaufnahme an einem entsprechenden Ausziehabdruck zeigte neben einigen verwaschenen Reflexen im wesentlichen nur die Linien des $M_{23}C_6$-Karbids. Diese unbefriedigende Übereinstimmung wurde bereits früher [2] damit zu erklären versucht, daß die Teilchengrößen der Mo_2C-Karbide (damals noch mit M_6C bezeichnet) teilweise unterhalb des Kohärenzbereiches für die Röntgenstrahlen liegen, so daß sich bei diesem Verfahren das Mengenverhältnis weitgehend zugunsten der $M_{23}C_6$-Karbide verschiebt. Durch die neueren Untersuchungen konnte aber geklärt werden, daß die ungedeuteten, verwaschenen Linien den Mo_2C-Karbiden zuzuordnen sind.
Auch bei der röntgenografischen Untersuchung des Gesamtisolates konnte damals [2] nur die Struktur $M_{23}C_6$ eindeutig nachgewiesen werden. Es wurden jedoch auch in diesem Falle verwaschene Linien beobachtet, die erst durch die nachträglichen Prüfungen als Reflexe der sehr feinen Mo_2C-Kristalle identifiziert werden konnten. Wegen der Breite der Linien war eine Gitterkonstantenmessung

allerdings nicht möglich. Aus ihrer Verschiebung gegenüber der Lage für die binäre Gleichgewichtsphase ließ sich aber in Übereinstimmung mit den Feinbereich-Elektronenbeugungsbildern eindeutig eine Verkleinerung des Gitters durch Mischkristallbildung nachweisen. Der Vergleich mit den Röntgenfeinstrukturaufnahmen des Isolates der kurzzeitig angelassenen Proben (Abb. 28 und 30b) bestätigte auch, daß die Gitterkonstanten nach dem isothermischen Austenitzerfall kleiner sind, und die Gehalte an Fremdatomen (Eisen) dementsprechend größer sein müssen als nach dem Anlassen.

Das Röntgendiagramm des Isolates zeigte noch eine einzelne, verhältnismäßig starke Linie, die keinem Strukturdiagramm der beobachteten Molybdän-Karbide entsprach. Als Einzellinie reichte sie jedoch nicht zur Bestimmung des zugehörigen Gitters aus. Erst durch den Vergleich mit den Feinstrukturaufnahmen des Isolates der oben erwähnten Anlaßbehandlungen mit dem M_7C_3-Karbid als Hauptbestandteil konnte aufgeklärt werden, daß diese ungedeutete Linie zum Beugungsbild dieser Phase gehört, und die weiteren Linien durch starke Linien der Molybdän-Karbide verdeckt werden. Demnach ist als sehr wahrscheinlich anzunehmen, daß auch bei der isothermischen Umwandlung des Austenits das Chromkarbid M_7C_3 entsteht. Zur Bestätigung wurde versucht, die Existenz dieser Phase und ihre Lage im Gefüge auch durch Feinbereich-Elektronenbeugungsaufnahmen an Ausziehabdrucken nachzuweisen. Diese Versuche hatten aber keinen Erfolg. Deshalb ist aber das Vorhandensein dieser Phase nicht unbedingt in Frage zu stellen, da sie nach dem Röntgendiagramm mengenmäßig stark hinter den Molybdänkarbiden zurücktritt, und daher durch Ausziehabdrucke verständlicherweise nur sehr schwierig zu finden ist.

Nach diesen Ergebnissen ist die Karbidbildung des Stahles 10 CrMo 9 10 bei der isothermischen Austenitumwandlung wie folgt zusammenzufassen und gegenüber der früheren Darstellung [2] zu berichtigen.

Aus dem voreutektoidischen Ferrit werden sowohl in der oberen als auch in der unteren Perlitstufe kurz vor Beginn der eutektoidischen Reaktion M_2C-Mischkristalle in Form von Rosetten und Nadeln ausgeschieden. Die eutektoidischen Karbidbestandteile sind zum Unterschied davon in ihrer Wachstumsform und Struktur von der Umwandlungstemperatur abhängig. In der oberen Perlitstufe entstehen lamellenförmige Teilchen von der Struktur $M_{23}C_6$. In der unteren Perlitstufe werden ebenfalls $M_{23}C_6$-Karbide gebildet, die jedoch eine körnige Wachstumsform haben. Daneben treten aber auch Mo_2C-Karbide auf, die faden- und bandförmig sind. Eine Umkristallisation der Bänder zu achsenparallel verwachsenen Stäbchen scheint bereits mit einer Phasenumwandlung zu M_6C-Karbiden verbunden zu sein.

Der verschiedenen Wachstumsform der Karbidbestandteile entsprechend unterscheidet sich auch die Gefügeausbildung der Eutektoide. Das $M_{23}C_6$-Eutektoid der oberen Perlitstufe ähnelt dem Perlit und wird daher mit »P« bezeichnet. In der unteren Perlitstufe hat es dagegen eine körnige Ausbildung. Weiterhin ist das Mo_2C-Eutektoid durch eine feine Längsstreifung und saumartige Anordnung an den Korngrenzen gekennzeichnet. Diese Eutektoide werden daher zum Unterschied von dem perlitähnlichen mit »F + K« bezeichnet.

Das höhere Mo:C-Atomverhältnis des Stahles 10 CrMo 9 10 gegenüber den vorhergehenden drei Stählen kommt darin zum Ausdruck, daß mit dem Mo_2C-Mischkristall erstmals ein binäres Molybdänkarbid auftritt. Im Dreistoffsystem Fe—Mo—C wird aber diese Phase durch das ternäre M_6C-Karbid vom Existenzbereich des α-Eisens abgeschnitten. Das heißt, daß sie nur bei sehr hohen Molybdängehalten beständig ist. Daher ist das Mo_2C-Karbid im vorliegenden Falle nur als eine Übergangsphase anzusehen. Für diese Annahme sprechen auch die Beobachtungen, daß es bei der eutektoidischen Reaktion nur bei den niedrigeren Temperaturen der unteren Perlitstufe gebildet wird und bei langen Umwandlungszeiten bereits eine Phasenumwandlung zum M_6C-Karbid durchzumachen scheint.

Aus diesen Ausführungen geht bereits hervor, daß bei der Umwandlung in der Perlitstufe auch beim Stahl 10 CrMo 9 10 noch kein Gleichgewichtszustand hinsichtlich der auftretenden Karbidphasen erreicht wird. Formal entsprechen die beobachteten Umwandlungsvorgänge denen auf der untereutektoidischen Seite eines eutektoidischen Gleichgewichtssystems.

Die beobachteten Gefügeerscheinungen [2] werden durch Untersuchungen von L. Habraken [117] und durch zwei später erschienene Arbeiten [119, 120] über den gleichen Stahl bestätigt. Die nadeligen Tertiärausscheidungen aus dem Ferrit werden von Habraken als Phase X bezeichnet, da ihre Struktur nicht eindeutig bestimmbar war. Sie sollen aber in der stöchiometrischen Zusammensetzung dem M_6C-Karbid nahekommen. Sie werden dementsprechend als Eisen–Molybdän-Doppelkarbide der Formel M_aC_b angesehen. Diese Phase wurde erstmals von K. Kuo [78] in Molybdänstählen nachgewiesen, ohne daß jedoch ihre Kristallstruktur bestimmt werden konnte. Ein Chromzusatz soll aber ab etwa 1% die Bildung dieser Phase verhindern. Dementsprechend findet Kuo [121] in den von Habraken angegebenen Netzebenenabständen auch eine gute Übereinstimmung mit denen des Mo_2C-Karbides in geglühten Stählen. Danach würde die Phase X entsprechend den vorliegenden Ergebnissen mit dem Mo_2C-Karbid identisch sein. Für die eutektoidischen Karbidbestandteile gibt Habraken in Übereinstimmung mit den eigenen Untersuchungen die Strukturen $M_{23}C_6$ und M_6C an. Im Gegensatz dazu wurde aber auch das M_3C-Eisenkarbid nachgewiesen, während die hier beobachteten Phasen Mo_2C und M_7C_3 nicht gefunden wurden. Nach den eigenen Schwierigkeiten ist es möglich, daß auch Habraken die durch Mischkristallbildung verschobenen Reflexe des Mo_2C-Karbides für die des M_6C-Karbides angesehen hat. Da sich die Strukturuntersuchungen von Habraken auf Elektronenbeugungsaufnahmen an Ausziehabdrucken beschränken, ist es nach den eigenen Ergebnissen weiterhin verständlich, daß die nur in relativ kleinen Mengen auftretenden M_7C_3-Karbide nicht gefunden wurden. K. Relander gibt in seiner kürzlich erschienenen Arbeit an, daß in der Perlitstufe die Karbidphasen Mo_2C und M_6C gebildet werden. Unterhalb 700° C soll zusätzlich noch das Eisenmischkarbid auftreten [120].

Ähnliche Gefügeerscheinungen wie der Stahl 10 CrMo 9 10 zeigen auch andere warmfeste, niedrig- bis mittellegierte CrMo- und CrMoV-Stähle mit niedrigem Kohlenstoffgehalt [1, 119], so z. B. die Stähle 12 CrMo 19 5, 20 CrMoV 13 5 und 13 CrMo 4 4 sowie der Stahlguß GS – 22 CrMo 5 4 und eine Legierung mit rd. 0,15%C, 1% Cr, 0,9% Mo und 0,2% V.

6.44 Umwandlung der Karbidbestandteile

Die Gefügeausbildung nach den langzeitigen Glüh- und Anlaßbehandlungen von 200 h bei 750° C zur Prüfung der Karbidumwandlungen sind in den Abb. 37a–c wiedergegeben.

Die Glühgefüge (Abb. 37a und b) zeigen gegenüber den isothermisch umgewandelten Ausgangszuständen (Abb. 32c und d) besonders für den der unteren Perlitstufe (685° C) eine sehr starke Einformung der Karbidbestandteile. Dadurch ist zugleich ihre Verteilung noch ungleichmäßiger geworden. In den Bereichen des voreutektoidischen Ferrits sind die tertiären Ausscheidungen offensichtlich größtenteils zu den Korngrenzen abgewandert, die dementsprechend mit verhältnismäßig groben Karbidkörnern sehr dicht belegt sind. In den eutektoidischen Bereichen sind zum Unterschied davon noch zahlreiche Karbidteilchen im Korninnern zurückgeblieben. Sie sind im allgemeinen wesentlich feiner als die Korngrenzenausscheidungen. Das Glühgefüge der bei 755° C umgewandelten Probe (Abb. 37a) läßt in der parallelen Anordnung der teilweise etwas länglich erscheinenden Karbidkriställchen noch einen Zusammenhang mit dem ursprünglich perlitähnlichen Eutektoid erkennen.

Im Anlaßgefüge (Abb. 37c) sind die ausgeschiedenen Karbidbestandteile im Gegensatz zum Glühgefüge erwartungsgemäß ziemlich gleichmäßig verteilt. Lediglich in der Umgebung der Korngrenzen ist stellenweise eine Verarmung zu erkennen, die bei der gleichzeitigen Ansammlung grober Ausscheidungen auch hier auf eine Abwanderung von Karbidkristallen zu den Korngrenzen schließen

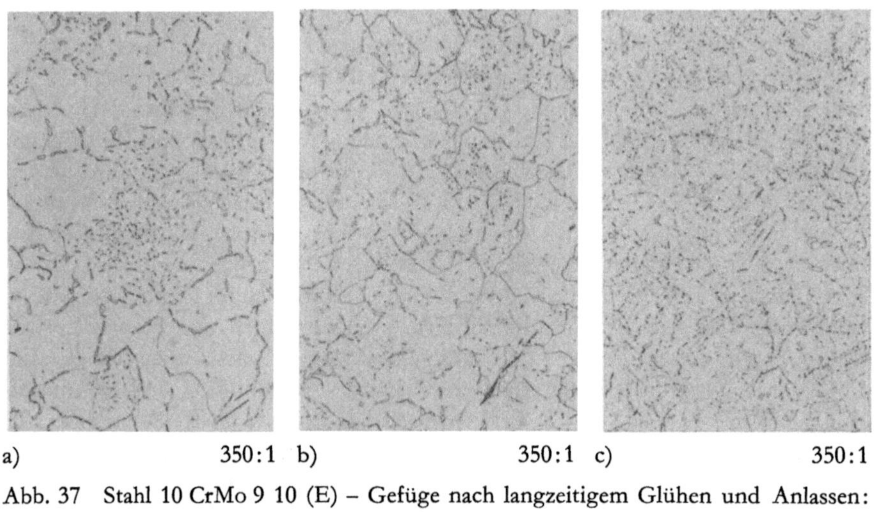

a) 350:1 b) 350:1 c) 350:1

Abb. 37 Stahl 10 CrMo 9 10 (E) – Gefüge nach langzeitigem Glühen und Anlassen: Ferrit und Karbide: $M_{23}C_6$, M_6C, M_7C_3 (w)
a) 10 min 980° C/50000 s 755° C/H_2O + 200 h 750° C/Luft
b) 10 min 980° C/50000 s 685° C/H_2O + 200 h 750° C/Luft
c) 10 min 980° C/H_2O + 200 h 750° C/H_2O

läßt. Im Korninnern liegen hauptsächlich kleine bis mittelgroße Karbidteilchen vor, die häufig den Orientierungszusammenhang mit den ehemaligen Martensitnadeln noch erkennen lassen. Verglichen mit den Gefügen bei zweistündiger Anlaßbehandlung nach Ölabschreckung (Abb. 28b) und unvollständiger Umwandlung in der Perlitstufe (Abb. 30b) ist durch die wesentlich längere Haltedauer naturgemäß eine beträchtliche Vergröberung der ausgeschiedenen Teilchen und eine Rekristallisation der ferritischen Grundmasse eingetreten.

Zur Bestimmung der Karbidstrukturen wurden in allen Fällen Röntgen-Feinstrukturaufnahmen an den elektrolytisch isolierten Rückständen und an Ausziehabdrucken durchgeführt. Für die Ausziehabdrucke wurde auch hier eine übermäßig starke Ätzung angewendet, um die Karbidbestandteile des Gefüges möglichst vollständig herauszulösen und gleichzeitig in geeigneter Menge anzureichern.

Für alle Behandlungszustände zeigten sowohl die Beugungsbilder der Isolate als auch die der Ausziehabdrucke hauptsächlich Linien der Karbide $M_{23}C_6$ und M_6C. Nach der Intensität betrug jedoch das Mengenverhältnis nach den Glühungen etwa 3:1, nach dem Anlassen dagegen etwa 1:1. Daraus geht hervor, daß der Gleichgewichtszustand trotz übereinstimmender Phasen – wenigstens bei einer der beiden Behandlungsarten – noch nicht erreicht ist. Die Diagramme der Isolate zeigten wie für die isothermischen Umwandlungen in der Perlitstufe zusätzlich noch eine einzelne, freiliegende Linie des M_7C_3-Karbides, während die übrigen Reflexe wegen des geringen Mengenanteils durch die koinzidierenden Linien der vorherrschenden Molybdänkarbide verdeckt wurden.

Die Wirkung des Glühens auf die beim Austenitzerfall gebildeten Phasen besteht demnach hauptsächlich in der Auflösung der instabilen Mo_2C-Karbide und der gleichzeitigen Bildung größerer Mengen an M_6C-Karbiden. Diese sind nach der beobachteten Umwandlung der Bändchen in verwachsene Stäbchen (Abb. 35d) wenigstens stellenweise unmittelbar aus den Mo_2C-Karbiden entstanden. Es ist außerdem mit Änderungen in der Zusammensetzung und Menge der übrigen Phasen $M_{23}C_6$ und M_7C_3 zu rechnen, die jedoch mit den heutigen Methoden der Rückstandsanalyse noch nicht zu bestimmen sind.

Die nach der Anlaßbehandlung auftretenden Karbidphasen sind zum Unterschied von den übereutektoidischen Stählen alle aus dem Martensit entstanden, da die karbidischen Bestandteile bei der Austenitisierung vollständig gelöst wurden. Einen Einblick in die Phasenumwandlungen während des Anlassens gibt ein Vergleich mit den Strukturen bei den oben erwähnten, zweistündigen Behandlungen: M_7C_3, $M_{23}C_6$, Mo_2C und M_3C. Danach werden die hauptsächlich vorliegenden M_7C_3-Karbide bis auf kleine Restmengen gelöst, während die Karbide Mo_2C und M_3C vollständig verschwinden. Demzufolge nimmt die Menge an $M_{23}C_6$-Karbiden zu und etwa gleiche Mengen an M_6C-Karbiden werden neu gebildet. Diese Vorgänge entsprechen den Ergebnissen von Baker und Nutting [103] an der gleichen Stahlqualität über den Reaktionsverlauf beim Anlassen von normalisierten und abgeschreckten Proben zwischen 400 und 750°C. Für Temperaturen oberhalb 650°C und Anlaßzeiten bis zu 1000 h werden die Phasen $M_{23}C_6$ und M_6C als Endzustand angeführt. Demnach kann für die vorliegenden Ergebnisse

erwartet werden, daß durch weitere Verlängerung der Anlaßdauer auch das M_7C_3-Karbid noch vollständig in Lösung gehen würde.
Von Kuo [96] wird im Gegensatz dazu für einen Stahl gleicher Zusammensetzung angegeben, daß beim Anlassen um 700°C auch nach 500 h noch keine $M_{23}C_6$-Karbide gebildet werden und als Endzustand die Strukturen M_7C_3 und M_6C auftreten. Mit den vorhandenen Unterlagen ist dieser Widerspruch nicht aufzuklären.

6.45 Chemische Zusammensetzung und Menge der Karbidbestandteile

Für die Schmelze E des Stahles 10 CrMo 9 10 ergaben sich nach den in Tab. 4 zusammengefaßten Wärmebehandlungen aus der Mikroanalyse an den isolierten Rückständen die in Tab. 13 eingetragenen Werte.
Die Abweichungen der *Analysensummen* vom Sollwert liegen im Rahmen der Fehlergrenze, die auch bei den übrigen Versuchswerkstoffen festgestellt wurde. Die größten Unterschiede treten nach den kurzzeitigen Anlaßbehandlungen GW_0 und A_1 sowie nach den isothermischen Umwandlungen GP_1 und GP_2 auf. Dies ist sehr wahrscheinlich auf die geringe Größe der Karbidteilchen in diesen Zuständen zurückzuführen.
Die *Legierungsgehalte* der Isolate an Chrom und Molybdän sind in der Umrechnung auf 100 g Stahl in allen Fällen kleiner als 50% der Gesamtgehalte. Im Mittel ergeben sich Werte von 45% für die Anteile an Molybdän und von nur 25% für die an Chrom. Diese Werte liegen vor allem im Chrom wesentlich unter denen der anderen Versuchswerkstoffe. Dieses unterschiedliche Verhalten ist auf den verhältnismäßig niedrigen Kohlenstoffgehalt zurückzuführen. Es können infolgedessen nur kleine Karbidmengen entstehen und dementsprechend auch nur begrenzte Legierungsanteile abgebunden werden.
Die *Kohlenstoffgehalte* der Rückstände stimmen nur nach den langzeitigen Glühungen GW_1 und GW_2 mit dem Wert der Schmelzenanalyse von 0,12% überein. Die in den anderen Fällen auftretenden Abweichungen überschreiten jedoch nicht die Grenzen der unvermeidlichen Analysenfehler.
Die verhältnismäßig geringe *Karbidmenge* als Folge des niedrigen Kohlenstoffgehaltes wurde weiter oben bereits hervorgehoben. In Abhängigkeit von den verschiedenen Wärmebehandlungen zeigt sich, daß nach den kurzzeitigen Anlaßversuchen GW_0 und A_1 kleinere Mengen mit entsprechend geringeren Anteilen an Eisen und Molybdän (Tab. 13) auftreten als nach den anderen Behandlungen, insbesondere nach dem zugehörigen, langzeitigen Anlaßversuch A_2. Dieser Unterschied ist nach den Strukturbestimmungen damit zu erklären, daß in den beiden ersten Zuständen das relativ metallarme M_7C_3-Karbid vorherrschend ist, in den anderen dagegen die metallreichen Karbide $M_{23}C_6$ und teilweise M_6C überwiegen. Auch die Unterschiede in den Karbidmengen bzw. Eisen- und Molybdänanteilen zwischen den Behandlungen GW_0 und A_1 lassen sich darauf zurückführen, daß im ersten Falle zusätzlich $M_{23}C_6$-Karbide gebildet werden.
Nach der vollständigen Auflösung der Karbide durch die Austenitisierung (HW_1) scheiden sich während der anschließenden isothermischen Umwandlung bei 755°C (GP_1) größere Mengen mit entsprechend höheren Anteilen an Molybdän

Tab. 13 Menge und chemische Zusammensetzung der Isolierungsrückstände des Stahles 10 CrMo 9 10 *(Schmelze E) in Gewichtsprozenten nach den Wärmebehandlungen in Tab. 4*

Wärme-behandlung (Tab. 4)	Anteile des Isolats	Chemische Zusammensetzung in Gew.-% bezogen auf das Isolat				Analysen-summe in Gew.-%	Isolat-menge in Gew.-%	Chemische Zusammensetzung in Gew.-% bezogen auf den Stahl			
		C	Cr	Mo	Fe			C	Cr	Mo	Fe
GW_0	Isolat, ges.	8,1	29,7	21,1	31,6	89,2	1,74	0,14	0,52	0,37	0,55
HW_1	keine ungelösten Karbide nachweisbar										
GP_1	Isolat[1]	6,4	24,1	26,5	36,7	83,3–85,2[2]	2,17	0,14	0,52	0,58	0,80
GP_2	Isolat[3]	7,9	29,8	27,1	27,7	85,9	1,94	0,15	0,58	0,53	0,54
	Kolloid	nicht untersucht				–	0,007	nicht untersucht			
GW_1	Isolat, ges.	5,3	23,9	18,6	43,8	92,9	2,25	0,12	0,54	0,42	0,99
GW_2	Isolat, ges.	4,8	24,2	18,2	43,9	93,5	2,43	0,12	0,59	0,44	1,07
A_2	Isolat, ges.	6,3	29,1	19,2	35,4	93,2	2,14	0,14	0,62	0,41	0,76
A_1	Isolat, ges.	7,1	36,0	18,9	27,2	84,6	1,56	0,11	0,56	0,30	0,42

[1] Unmagnetische und schwach magnetische Fraktion.
[2] Der erste Wert bezieht sich auf die unmagnetische, der zweite auf die magnetische Fraktion.
[3] Ohne Kolloid

und besonders an Eisen aus als bei 655°C (GP_2). Dies stimmt mit den Beobachtungen am Gefüge überein, daß bei der *eutektoidischen* Reaktion in der oberen Perlitstufe nur metallreiche $M_{23}C_6$-Karbide gebildet werden, in der unteren Perlitstufe dagegen teilweise auch metallarme Mo_2C-Mischkristalle.

Durch die langzeitigen Glühungen GW_1 und GW_2 nehmen die Karbidmengen gegenüber den betreffenden Ausgangszuständen GP_1 und GP_2 im ersten Fall nur unwesentlich, im zweiten dagegen deutlich zu, so daß eine um rd. 0,2% größere Menge erreicht wird (Abb. 38 links und rechts). Im Rückstand gleicht sich dementsprechend bei der Glühung GW_1 die Erhöhung der Eisenanteile gegen die Erniedrigung der Molybdänanteile aus, bei der Glühung GW_2 dagegen nicht (Tab. 13). Für beide Nachbehandlungen sind die eingetretenen Veränderungen durch die Auflösung der metallärmeren Mo_2C-Mischkristalle zugunsten der metallreicheren M_6C- bzw. $M_{23}C_6$-Karbide zu deuten. Die gekennzeichneten Unterschiede weisen jedoch darauf hin, daß trotz der langen Zeiten noch keine völlige Übereinstimmung im Mengenverhältnis der Karbide erreicht wurde.

In der *chemischen Zusammensetzung*, bezogen auf Atom-%, bestehen die Rückstände nach Abb. 38 bzw. Tab. 14 neben Kohlenstoff hauptsächlich aus Eisen und Chrom.

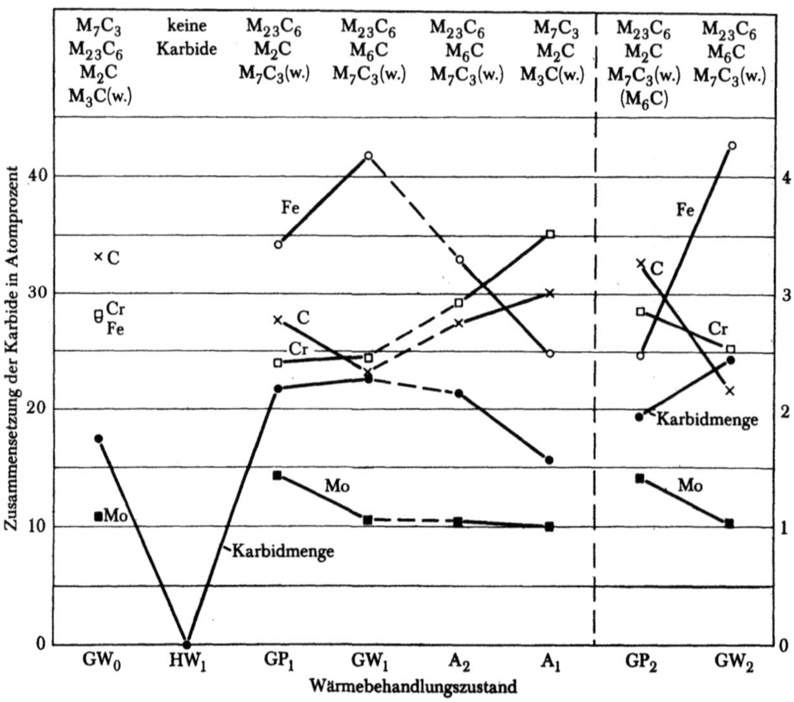

Abb. 38 Stahl 10 CrMo 9 10 (E) – Struktur, Menge und Zusammensetzung der Karbidphasen nach den in Tab. 4 angegebenen Wärmebehandlungen (Werte aus Tab. 14)
Atomprozente bezogen auf C + Cr + Mo + Fe = 100
w = wenig, (M_6C) = sehr wahrscheinlich

Tab. 14 Struktur und Zusammensetzung (Atom-%) der Karbidbestandteile im Stahl 10 CrMo 9 10 *(Schmelze E) nach den Wärmebehandlungen in Tab. 4*

Wärmebehandlung (Tab. 4)	Anteile des Isolats	Struktur der Karbidbestandteile	Isolatmenge in Gew.-%	Chemische Zusammensetzung in Atom-%[3] bezogen auf das Isolat			
				C	Cr	Mo	Fe
GW_0	Isolat, ges.	M_7C_3; $M_{23}C_6$; Mo_2C; M_3C (w)	1,74	33,1	28,2	10,8	27,9
HW_1	keine ungelösten Karbide nachweisbar		–	–	–	–	–
GP_1	Isolat[1]	$M_{23}C_6$; Mo_2C; M_7C_3 (w)	2,17	27,6	24,0	14,3	34,1
GP_2	Isolat[2]	$M_{23}C_6$; Mo_2C; M_7C_3 (w); (M_6C)	1,94	32,7	28,5	14,1	24,7
	Kolloid	Mo_2C; $M_{23}C_6$ (sw)	0,007	nicht untersucht			
GW_1	Isolat, ges.	$M_{23}C_6$; M_6C; M_7C_3 (w)	2,25	23,3	24,5	10,4	41,8
GW_2	Isolat, ges.	$M_{23}C_6$; M_6C; M_7C_3 (w)	2,43	21,7	25,3	10,3	42,7
A_2	Isolat, ges.	$M_{23}C_6$; M_6C; M_7C_3 (w)	2,14	27,4	29,2	10,4	33,0
A_1	Isolat, ges.	M_7C_3; Mo_2C; M_3C (w)	1,56	30,0	35,2	10,0	24,8

w = wenig – sw = sehr wenig – (M_6C) = sehr wahrscheinlich

[1] Unmagnetische und schwach magnetische Fraktion.
[2] Ohne Kolloid.
[3] Bezogen auf C + Cr + Mo + Fe = 100.

Im Gegensatz zum Stahl X 38 CrMoV 5 1 (Abb. 27) ist jedoch nicht allgemein das Chrom vorherrschend, sondern größtenteils das Eisen, obwohl der Stahl 10 CrMo 9 10 im Cr:C-Verhältnis mit einem Wert von 4,38 etwa 1,3mal so hoch liegt (Tab. 2). Er hat aber zugleich auch ein höheres Mo:C-Verhältnis. Der Wert von 1,05 ist fast viermal so groß wie der des Stahles X 38 CrMoV 5 1 und somit wesentlich mehr erhöht als der des Cr:C-Verhältnisses. Dementsprechend ergibt sich für das Cr:Mo-Verhältnis nur ein Wert von 4,15 gegenüber einem Wert von 11,70 bei dem Warmarbeitsstahl (Tab. 2). Daher ist verständlich, daß das Molybdän neben dem Eisen und Chrom bei dem warmfesten Baustahl in wesentlich erhöhtem Maße an der Karbidbildung beteiligt ist. Dies kommt einmal darin zum Ausdruck, daß die Molybdängehalte der betreffenden Rückstände mit Werten von 10 bis annähernd 15% um 5 bis 10% höher sind als beim Stahl X 38 CrMoV 5 1. Zum anderen prägt es sich darin aus, daß das Chromkarbid M_7C_3 – bei dem letztgenannten Stahl in allen Rückständen ein Hauptbestandteil neben den ternären Fe—Mo-Karbiden $M_{23}C_6$ oder M_6C – nur noch nach den kurzzeitigen Anlaßversuchen GW_0 und A_1 als Hauptbestandteil vorkommt. Nach allen übrigen Wärmebehandlungen tritt es dagegen mengenmäßig sehr stark hinter den gebildeten Molybdänkarbiden zurück. Diese Unterschiede im Mengenverhältnis des Chromkarbids zu den Molybdänkarbiden zwischen den beiden Stählen führen nach den Gegenüberstellungen mit den betreffenden Analysenergebnissen in den Abb. 27 und 38 zu der Umkehrung im Größenverhältnis der Rückstandsgehalte an Chrom und Eisen. Diese ist somit der Veränderung des Mo:C-Atomverhältnisses in den Stählen zuzuschreiben.

Der Einfluß der Wärmebehandlungen am Stahl 10 CrMo 9 10 auf die Zusammensetzung der Rückstände ist dadurch gekennzeichnet, daß sich die Gehalte an Chrom, Molybdän und Kohlenstoff in der Regel im umgekehrten Sinne ändern wie die an Eisen. Diese steigen mit zunehmender Behandlungsdauer und -temperatur an, die Gehalte der anderen Elemente fallen dagegen im allgemeinen ab. Hierbei ergeben sich zwischen den Anlaßversuchen A_1 und A_2 durch die Verlängerung der Haltedauer sowie zwischen den isothermischen Umwandlungen GP_2 und GP_1 durch die Erhöhung der Temperatur (Tab. 4) Umkehrungen im Größenverhältnis der Gehalte an Chrom zu denen an Eisen. Dieser Einfluß der Zeit bzw. Temperatur entspricht der vorstehend erörterten Wirkung des erhöhten Mo:C-Verhältnisses gegenüber den Ergebnissen beim Stahl X 38 CrMoV 5 1. In gewissen Grenzen ist demzufolge die Zusammensetzung der Karbidbestandteile durch die Wahl der Wärmebehandlungsbedingungen im gleichen Sinne zu beeinflussen wie durch eine Abwandlung der Konzentrationsverhältnisse im Stahl.

Die Änderung der Rückstandsgehalte durch die Wärmebehandlungen entspricht den dabei festgestellten Karbidreaktionen. So ist die Wirkung der verlängerten Haltedauer zwischen den Anlaßversuchen A_1 und A_2 mit der auch von Baker und Nutting [103] beobachteten Umwandlung der Karbide M_7C_3, Mo_2C und M_3C zugunsten der $M_{23}C_6$- und M_6C-Karbide erklärbar. Der Einfluß der Temperaturerhöhung bei den isothermischen Umwandlungen in der Perlitstufe GP_1 und GP_2 entspricht dem Befund, daß das Mengenverhältnis der $M_{23}C_6$-Karbide zu den Mo_2C-Karbiden bei 755° C (GP_1) größer ist als bei 685° C (GP_2). Darüber hinaus läßt die Verringerung des Chromgehaltes wegen der damit verbundenen Abnahme der Chromkarbidmenge während des Anlassens vermuten, daß steigende Umwandlungstemperaturen in der Perlitstufe die gleiche Wirkung haben. Die Änderung der Karbidzusammensetzung nach beendetem Austenitzerfall durch die langzeitigen Glühungen GW_1 und GW_2 ist vor allem mit der Auflösung der Mo_2C-Mischkristalle zugunsten der Phasen M_6C bzw. $M_{23}C_6$ zu deuten. Nach dem vorhergehenden löst sich sehr wahrscheinlich auch ein Teil der M_7C_3-Karbide auf. Die Zusammensetzung der Rückstände nach diesen Behandlungen ist im Rahmen der analytischen Fehlergrenze als übereinstimmend anzusehen. Gegenüber der langzeitigen Anlaßbehandlung A_2 liegen jedoch in den Gehalten an Chrom und Kohlenstoff sowie hauptsächlich an Eisen beträchtliche Unterschiede vor. Diese entsprechen den beobachteten Unterschieden im Mengenverhältnis der in der Struktur gleichartigen Karbidphasen und bestätigen somit, daß die Behandlung von 200 h bei 750° C auch bei diesem Stahl noch nicht zum vollständigen Gleichgewicht führt. Aus der gekennzeichneten Richtung in der Änderung der Rückstandsgehalte in Abhängigkeit von der Zeit und Temperatur ist zu schließen, daß die geglühten Zustände GW_1 und GW_2 dem Gleichgewicht näher sind als der langzeitig angelassene Zustand A_2. Dies zeigt an einem weiteren Beispiel, daß der Gleichgewichtszustand über eine Umwandlung in der Perlitstufe früher zu erreichen ist als über eine Martensitbildung. Darüber hinaus ist nach diesen Ergebnissen der mikroanalytischen Untersuchungen im Zusammenhang mit den beobachteten Karbidreaktionen die Vermutung als zutreffend anzusehen, daß das M_7C_3-Karbid nicht dem Gleichgewichtszustand entspricht, sondern nur die Phasen $M_{23}C_6$ und M_6C beständig sind. Dies würde die im vorhergehenden erwähnten Ergebnisse von K. Kuo [96] widerlegen und die von Baker und Nutting [103] bestätigen.

6.5 Stahl X 30 WCrV 9 3

6.51 Chemische Zusammensetzung und Anlieferungszustand

Der Warmarbeitsstahl X 30 WCrV 9 3 [105] gehört in die umfangreiche Gruppe der Wolfram–Chrom–Vanadin-Legierungen, die auch bei den Kaltarbeitsstählen [106] in verschiedenen Abwandlungen, wie z. B. dem untersuchten Stahl 60 WCrV 7, vertreten sind. In Abb. 3 und Tab. 3 sind aus dieser Gruppe die Warmarbeitsstähle 32–36 und 48 sowie die Kaltarbeitsstähle 6, 14, 15, 17 und 18 aufgeführt.

Für den Stahl X 30 WCrV 9 3, entsprechend Stahl 32 in Abb. 3, werden in der Richtanalyse 0,30% C; 2,5% Cr; 0,4% V und 9% W angegeben [105]. Während die Gehalte an Chrom und Vanadin im Vergleich zur Mehrzahl der Warmarbeitsstähle einem mittleren Wert entsprechen, liegt der Gehalt an Wolfram von allen Stählen am höchsten. Aus der Umrechnung der Gehalte in Atomprozente ergeben sich für Wolfram und Chrom durch die sehr unterschiedlichen Atomgewichte übereinstimmende Werte von rd. 3% (Tab. 1). Dementsprechend sind

auch die Atomverhältnisse dieser beiden Elemente zum Kohlenstoff mit einem Wert von rd. 2 gleich. Im W:C-Verhältnis übertrifft dieser Wert den aller anderen in Abb. 3 zusammengestellten Stahlqualitäten, die Schnellarbeitsstähle eingeschlossen, und auch im Cr:C-Verhältnis hat die Mehrzahl der Stähle einen niedrigeren Wert. Das Cr:W-Verhältnis von rd. 1 liegt an der unteren Grenze der Warmarbeitsstähle und bereits im Bereich der Schnellarbeitsstähle.
Für die untersuchte Schmelze F ist die chemische Zusammensetzung in Gewichts- und Atomprozenten in Tab. 1 angegeben, die Atomverhältnisse in Tab. 2 und Abb. 3. Die Werte entsprechen der empfohlenen Richtanalyse.
Auf Grund der gekennzeichneten Zusammensetzung zeigt der Stahl X 30 W-CrV 9 3 durch ein ausgeprägtes Sekundärhärtemaximum bei rd. 570°C ein ähnliches Anlaßverhalten wie die Schnellarbeitsstähle und unterscheidet sich darin von den meisten anderen Warmarbeitsstählen. Auch in der Warmfestigkeit zeichnet er sich durch überdurchschnittlich hohe Werte aus. Daher wird er für Teile eingesetzt, die thermisch besonders hoch beansprucht sind.
Das gewalzte Ausgangsmaterial von 30 mm Durchmesser lag in dem technisch üblichen, weichgeglühten Lieferzustand vor. Das betreffende Gefüge ist in den Abb. 39a und b in verschiedenen Vergrößerungen wiedergegeben. Es besteht aus zahlreichen, rundlichen Karbidkristallen sehr unterschiedlicher Größe in einer ferritischen Grundmasse. Die Mikroaufnahmen zeigen eine deutliche, zeilige Anhäufung der groben Karbidkörner, die auf Seigerungen der sonderkarbidbildenden Legierungselemente und des Kohlenstoffs bei der Erstarrung hinweist. Teilweise sind auch Karbidansammlungen an Korngrenzen zu erkennen.
Durch Röntgenbeugungsaufnahmen an dem elektrolytisch isolierten Rückstand wurde nachgewiesen, daß die Karbidphasen hauptsächlich die kubische Struktudes M_6C-Karbides haben und nur zu einem kleinen Teil aus VC-Karbiden ber stehen. Die groben Körner in den Zeilen sind M_6C-Karbide. Dieses Ergebnis der Strukturbestimmung, das in dem hohen Wolframgehalt des Stahles begründet ist, bestätigt den oben gekennzeichneten engen Zusammenhang dieses Legierungstyps mit der Gruppe der Schnellarbeitsstähle.

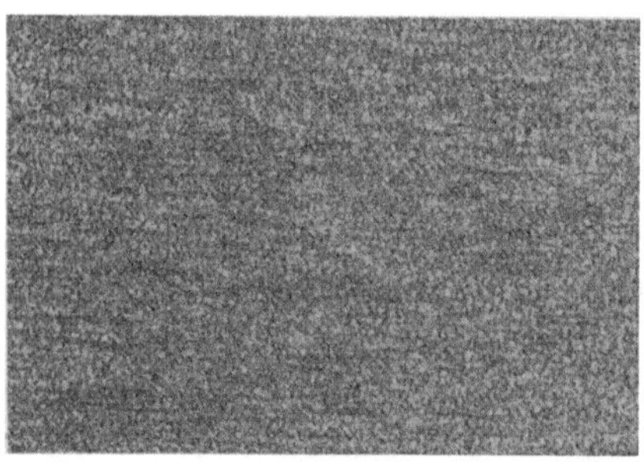

a) 70:1

b) 350:1

Abb. 39 Stahl X 30 WCrV 9 3 (F) – Gefüge im weichgeglühten Ausgangszustand [105]
a) Ferrit, Karbidzeilen
b) Ferrit, Karbide: M_6C, VC (sw)

6.52 Austenitisierungszustand

Der Stahl X 30 WCrV 9 3 wird von sehr hohen Temperaturen gehärtet, da die hohe Anlaßbeständigkeit und Warmfestigkeit nur erreicht werden kann, wenn die Grundmasse durch die Auflösung eines möglichst großen Karbidanteils die erforderlichen Mengen an Wolfram, Chrom und Vanadin enthält. Die technisch üblichen Härtetemperaturen von 1100 bis 1150°C liegen im Mittel 200°C über dem Bereich für die Austenitbildung, die nach dilatometrischen Messungen bei rd. 820°C (Ac_{1b}) beginnt und bereits bei 925°C (Ac_{1e}) beendet ist. Für die Versuche wurde eine mittlere Temperatur von 1120°C mit einer Haltedauer von 15 min angewendet.

Nach den Mikroaufnahmen des martensitischen Abschreckgefüges in den Abb. 40a und b bleibt trotz dieser hohen Temperatur noch ein wesentlicher Teil der Karbideinschlüsse ungelöst. Die in Zeilenform wechselnde Anreicherung von groben und kleinen Körnern tritt hierbei noch deutlicher in Erscheinung als im weichgeglühten Ausgangszustand (Abb. 39a und b). Die Austenitisierung erfolgt demnach noch in einem heterogenen Phasenraum Austenit + Karbid. Dadurch wird diese Legierung trotz ihres niedrigen Kohlenstoffgehaltes von rd. 0,3% als stark übereutektoidisch gekennzeichnet. Das bedeutet, daß die eutektoidische Zusammensetzung durch die hohen Gehalte an sonderkarbidbildenden Elementen zu sehr geringen C-Gehalten unter 0,3% verschoben wird.

a) 70:1 b) 350:1

Abb. 40 Stahl X 30 WCrV 9 3 (F) – Abschreckgefüge zur Kennzeichnung des technischen Austenitisierungszustandes: 15 min 1120°C/H_2O
a) Karbidzeilen, Martensit
b) Ungelöste Karbide: M_6C, Sp. VC; Martensit

Die ungelösten Karbidteilchen haben noch eine starke, wachstumshemmende Wirkung auf das Austenitkorn, so daß trotz der hohen Temperatur von 1120°C die Korngröße 7 und 8 nach der ASTM-Richtreihe nicht überschritten wird.

In den Röntgendiagrammen des isolierten Rückstandes konnten nur noch Beugungslinien des M_6C-Karbids nachgewiesen werden. Von den ursprünglich vorhandenen VC-Karbiden können demnach nur noch sehr kleine Restmengen von weniger als 3% vorliegen. Dieses Ergebnis entspricht dem des Stahles 60 WCrV 7 der gleichen Legierungsgruppe nach langzeitiger Austenitisierung, bei dem ebenfalls hauptsächlich nur noch M_6C-Karbide neben wenigen VC-Karbiden auftreten.

6.53 Austenitzerfall und Karbidbildung

Die isothermische Umwandlung des Stahles X 30 WCrV 9 3 nach einer Austenitisierung von 15 min bei 1120° C wird durch das ZTU-Schaubild in Abb. 41 wiedergegeben. Zum Unterschied vom Stahl 60 WCrV 7 ist die Perlitstufe von der Zwischenstufe wegen des höheren Legierungsgehaltes durch einen breiten, umwandlungsfreien Bereich zwischen rd. 600 und 480° C getrennt. Außerdem ist die Perlitbildung zu wesentlich längeren Zeiten verschoben, während das Ende der Zwischenstufenumwandlung früher erreicht wird.

Für die Vorgänge in der Zwischenstufe ist von großem Einfluß, daß die Martensitbildung wegen des niedrigen Kohlenstoffgehaltes bereits bei 420° C beginnt. Diese Temperatur liegt höher als der Bereich, in dem eine vollständige Umwandlung in der Zwischenstufe möglich ist. Daher tritt in diesem Gebiet neben Zwi-

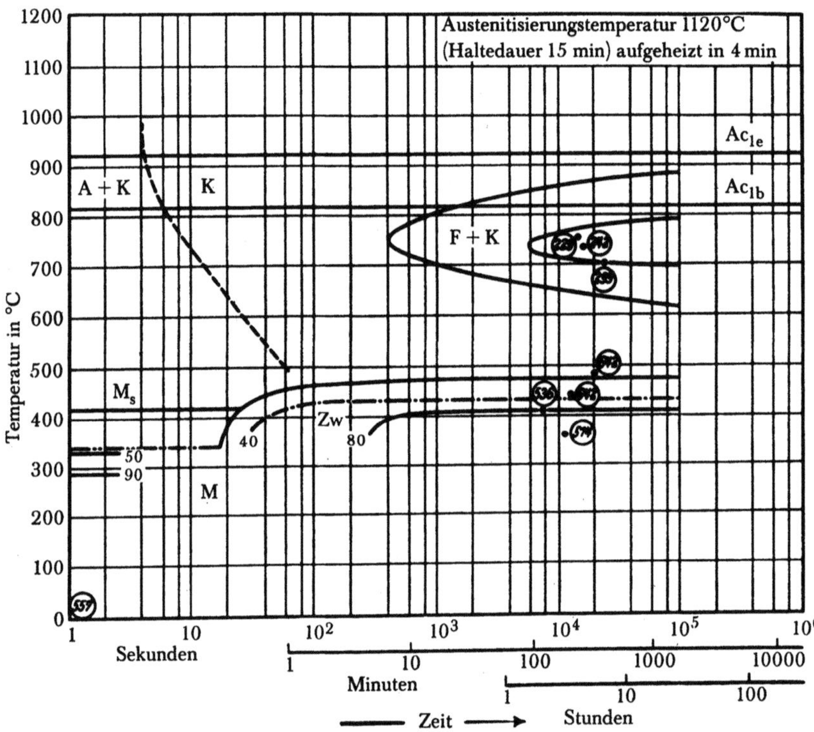

A + K Bereich des Austenits und Karbids
K Bereich der Karbidbildung
F + K Bereich der Bildung eines nichtlamellaren Eutektoids
○ Härtewerte in HV
Zw Bereich der Zwischenstufen-Gefügebildung
M Bereich der Martensitbildung
40;50... Gefügeanteile in Prozent

Bestimmungsverfahren: Dilatometrisch und metallographisch an Proben von 4 mm Dmr und 30 mm Länge. Metallographisch an Plättchen von 3 mm Dicke.

Abb. 41 Stahl X 30 WCrV 9 3 (F) – Isothermisches ZTU-Schaubild für die technische Austenitisierungstemperatur [1] schenstufengefüge immer auch Martensit auf. Der Martensit wird je nach Lage der Umwandlungstemperatur über oder unter dem M_s-Punkt entweder nach oder vor dem Zwischenstufengefüge gebildet. Die Verhältnisse sind also im Grundsätzlichen ähnlich wie beim Stahl 10 CrMo 910. Bei Temperaturen unter dem M_s-Punkt ist nach Untersuchungen von W. Jellinghaus [122] damit zu rechnen, daß die Zwischenstufen-Umwandlung wegen der vorangehenden Bildung von Martensit durch Keimwirkung beschleunigt wird. Diese Beeinflussung kann mit ein Grund dafür sein, daß die Umwandlung in der Zwischenstufe schneller beendet ist als bei dem legierungsärmeren Stahl 60 WCrV 7.

Als weiterer Unterschied zum Stahl 60 WCrV 7 tritt beim Stahl X 30 WCrV 9 3 wegen des höheren Legierungszustandes trotz des niedrigeren C-Gehaltes eine voreutektoidische Karbidausscheidung auf. Dieser Vorgang beginnt wesentlich früher als die eutektoidische Reaktion und läuft auch noch bei tieferen Temperaturen bis herunter zu etwa 500° C ab.

Eine übereinstimmende Erscheinung ist die Martensitbildung in zwei voneinander abgesetzten Temperaturstufen. Beim Stahl 60 WCrV 7 wurde bereits unter Hinweis auf die Arbeit von A. Rose und L. Rademacher [56] gezeigt, daß diese Erscheinung mit Inhomogenitäten im Austenit zusammenhängt.

Beim Härten des Stahles X 30 WCrV 9 3 tritt neben dem Martensit in den meisten Fällen immer auch Zwischenstufengefüge auf, da die Anlaufzeit für die Zwischenstufe verhältnismäßig kurz ist [1], und die Abkühlung üblicherweise nur in Öl, Luft oder im Warmbad durchgeführt wird. Hierbei können wie beim Stahl 10 CrMo 9 10 sehr hohe Anteile an Zwischenstufengefüge gebildet werden, da die Perlitstufe ebenfalls erst bei sehr langsamen Abkühlungsgeschwindigkeiten erreicht wird.

Die Umwandlungsvorgänge der Perlitstufe wurden wie die des Stahles 10 CrMo 9 10 als besonders geeignete Musterbeispiele für die vorbereitende Arbeit über die notwendigen Verfahren zur Aufklärung des Reaktionsmechanismus und der beteiligten Phasen bereits früher untersucht [2]. Daher sollen hier nur die Ergebnisse wiederholt werden, auf die im vorliegenden Zusammenhang nicht verzichtet werden kann.

Die schon erwähnte voreutektoidische Karbidausscheidung ist bei lichtoptischer Beobachtung des Gefüges selbst bei höchsten Vergrößerungen wie in Abb. 42a für die Umwandlungstemperatur von 750° C nur an einer Dunkelfärbung der Austenitkorngrenzen zu erkennen. Die ausgeschiedenen Teilchen werden als helle Körnchen erst sichtbar, wenn elektronenoptische Vergrößerungen wie in Abb. 42b angewendet werden. Sie treten bevorzugt an Kornecken auf. Teilweise sind sie auch an unaufgelöste Karbidkörner in den Korngrenzen als kleine Knötchen ankristallisiert.

Der eutektoidische Zerfallsvorgang, der wesentlich später als die voreutektoidische Teilreaktion einsetzt (Abb. 41), geht ebenfalls von den Korngrenzen des Austenits aus. Zu Beginn sind die eutektoidischen Karbidkriställchen auch bei Temperaturen der oberen Perlitstufe so außerordentlich fein, daß das Gefüge mit lichtoptischen Vergrößerungen nicht aufzulösen und nur an einer bräunlichen Färbung durch den Ätzangriff zu erkennen ist. Abb. 42b zeigt in elektronen-

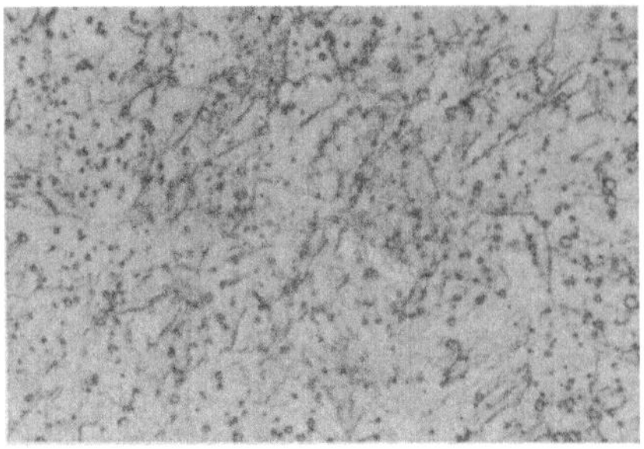

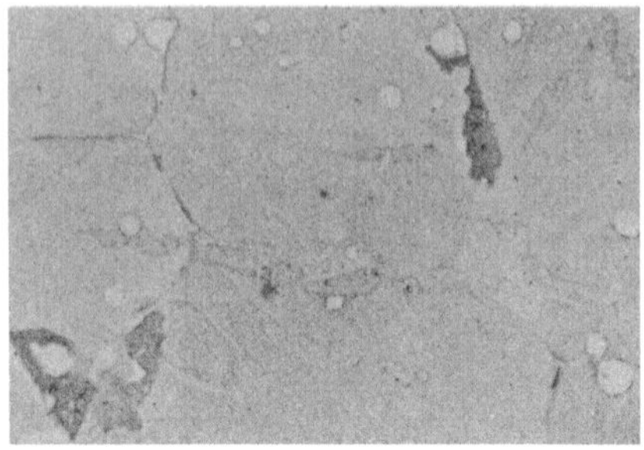

a) 1000:1 b) Ab-/Ausziehabdruck: 6300:1

Abb. 42 Stahl X 30 WCrV 9 3 (F) – Gefüge nach technischer Austenitisierung beim Beginn der isothermischen Umwandlung in der Perlitstufe
a) 15 min 1120° C/360 s 750° C/H_2O Gesamtgefüge
Ungelöste Karbide: M_6C, Sp. VC; voreutektoidische Karbide, Martensit
b) 15 min 1120° C/750 s 750° C/H_2O An den Austenitkorngrenzen: voreutektoidische Karbide (helle Körnchen, z.T. an ungelöste Karbide ankristallisiert), M_6C—VC-Eutektoid F + K (dunkle Flecken)

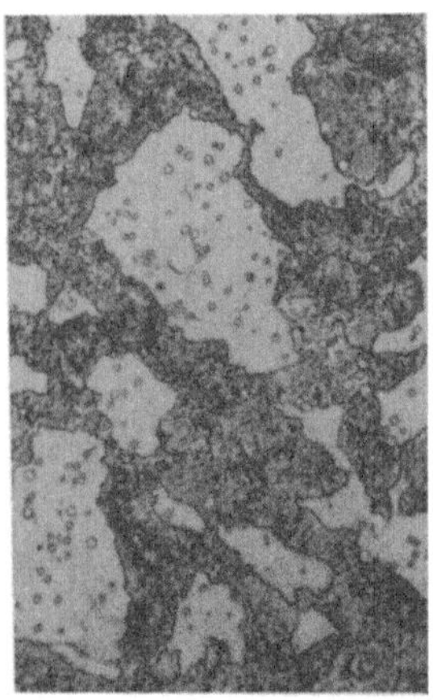

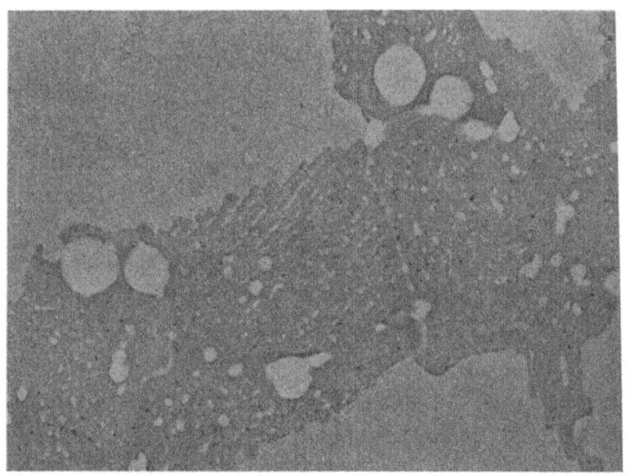

a) 1000:1 b) Abziehabdruck 10000:1

Abb. 43 Stahl X 30 WCrV 9 3 (F) – Gefüge nach technischer Austenitisierung und teilweiser isothermischer Umwandlung in der Perlitstufe: 15 min 1120° C/3600 s 750° C/H_2O
a) Gesamtgefüge. Ungelöste Karbide: M_6C, Sp. VC; voreutektoidische Karbide, M_6C—VC-Eutektoid F + K, Martensit
b) M_6C—VC-Eutektoid F + K

optischer Vergrößerung diesen Gefügezustand in einzelnen Flecken für eine Umwandlungstemperatur von 750° C nach einer Haltedauer von 12 min. Durch das hohe Auflösungsvermögen sind in den dunklen Feldern des Eutektoids bereits kleine Karbidteilchen zu erkennen, die teilweise auch in der Lackfolie hängengeblieben sind.

Durch das Fortschreiten der eutektoidischen Reaktion entlang der Austenitkorngrenzen entsteht bei der Versuchstemperatur von 750° C schließlich ein geschlossenes Netz von Umwandlungsgefüge entsprechend Abb. 43a. Während dieses Vorganges findet durch die lange Haltedauer von 60 min bereits eine Einformung

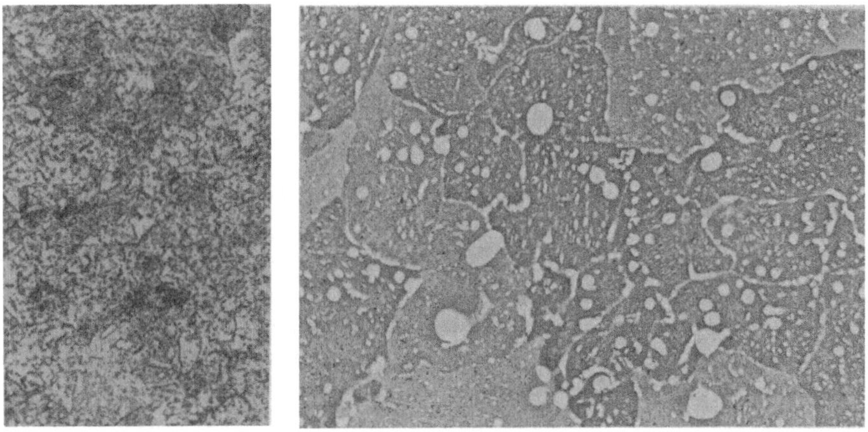

a) 1000:1 b) Abziehabdruck 3500:1

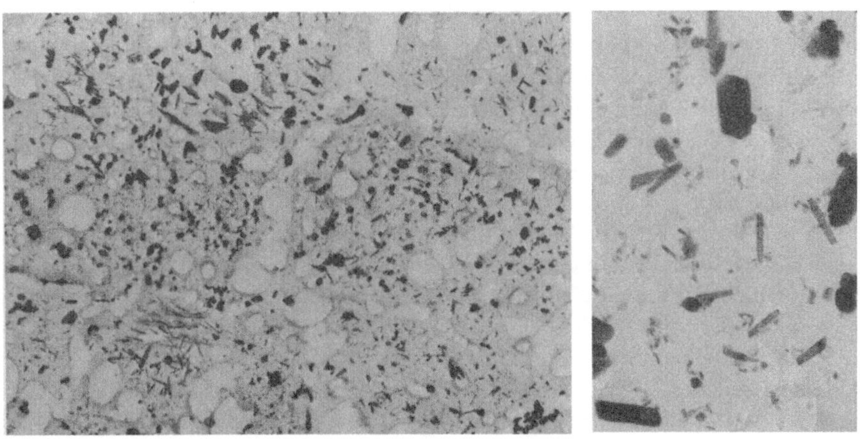

c) Ausziehabdruck 7000:1 Ausziehabdruck 56000:1

Abb. 44 Stahl X 30 WCrV 9 3 (F) – Gefüge und Karbidformen nach technischer Austenitisierung und isothermischer Umwandlung in der Perlitstufe: 15 min 1150° C/9000 s 750° C/H_2O

a und b) Gesamtgefüge. Ungelöste Karbide: M_6C, Sp. VC, voreutektoidische Karbide, M_6C — VC-Eutektoid F + K (stellenweise wenige W_2C- und $M_{23}C_6$-Karbide)

c) Eutektoidische Karbide: M_6C (Körner), W_2C (Stäbchen)

d) Eutektoidische VC-Karbide (feine Kriställchen)

der Karbidbestandteile statt, so daß sie auch bei der lichtoptischen Vergrößerung teilweise schon als kleine, schwarze Pünktchen in der dunkel geätzten Grundmasse zu erkennen sind. Elektronenoptische Untersuchungen an Abziehabdrucken wie in Abb. 43b zeigen, daß die eutektoidischen Karbidkristalle körnig oder stäbchenförmig ausgebildet und im allgemeinen regellos im Ferrit verteilt sind. Nur vereinzelt wird wie in der Bildmitte ein parallel gerichtetes, stufenweises Vorwachsen des Ferrits und der Karbidteilchen in den Austenit beobachtet.

Mit weiterer Verlängerung der Haltedauer verbreitert sich das eutektoidische Netz bis zur vollständigen Umwandlung des Austenits, ohne daß ein anders geartetes Gefüge gebildet wird. Dies ist schon bei lichtoptischen Vergrößerungen wie in Abb. 44a zu erkennen. Die Ausbildung des Gefüges entspricht der in Abb. 43a mit Ausnahme einer weiteren Vergröberung der eutektoidischen Karbidbestandteile durch Ankristallisation während der langen Haltedauer von 150 min. Darüber hinaus läßt die elektronenoptische Aufnahme des Abziehabdruckes in Abb. 44b in Übereinstimmung mit der der Abb. 43 erkennen, daß die Karbidteilchen körnig und stäbchenförmig ausgebildet und meist regellos in den Ferritkristallen und auf deren Korngrenzen verteilt sind. Die gerichtete Anordnung der Stäbchen in der Bildmitte entsteht durch das vereinzelt beobachtete, stufenweise Vorwachsen des Umwandlungsgefüges in den Austenit, wie es beispielsweise aus Abb. 43b zu ersehen ist. Manchmal treten im Gefüge auch Reihen von Karbidkörnchen auf, die sich nicht mit den Umwandlungskorngrenzen decken und deshalb sehr wahrscheinlich den voreutektoidischen Ausscheidungen auf den ehemaligen Austenitkorngrenzen entsprechen.

Die Abb. 44c eines Ausziehabdruckes zeigt in Übereinstimmung mit Abb. 44b als Wachstumsform der eutektoidischen Karbidphasen hauptsächlich Körner und nur teilweise Stäbchen. Darüber hinaus werden bei sehr hohen elektronenoptischen Vergrößerungen wie in Abb. 44d noch sehr feine Kriställchen im Untergrund sichtbar.

Bei den früheren Strukturbestimmungen [2] an Ausziehabdrucken durch Feinbereich-Elektronenbeugung wurde bereits nachgewiesen, daß die Körner aus M_6C-Karbiden und die Stäbchen aus W_2C-Karbiden bestehen. Daneben wurden auch Linien der Struktur des VC-Karbides beobachtet, die den feinen Kriställchen in Abb. 44d zuzuordnen sind. Zusätzliche Röntgen-Beugungsaufnahmen an Ausziehabdrucken nach besonders starker Ätzung zeigten hauptsächlich die Linien des M_6C-Karbids sowie einige Linien, die nicht gedeutet werden konnten. Es traten aber weder Reflexe des VC-Karbides noch solche des W_2C-Karbides auf. Wahrscheinlich ist ihr Mengenanteil für die Röntgenanalyse zu gering. Die eutektoidischen Vanadinkarbide unterschreiten bei ihrer Größe von rd. 50 Å (vgl. Abb. 44d) den notwendigen Kohärenzbereich für die Röntgenbeugung. Durch weitere Prüfungen konnte inzwischen geklärt werden, daß die früher ungedeuteten Linien dem $M_{23}C_6$-Karbid zuzuordnen sind. Nach der Linienintensität ist ihr Mengenanteil nur gering. Dies erklärt, daß bei der Feinbereich-Beugung diese Phase nicht gefunden wurde.

Die weiteren Röntgenstrukturuntersuchungen an dem isolierten Rückstand ergaben in Übereinstimmung mit den vorstehenden Prüfungen an den Auszieh-

abdrucken als Hauptbestandteil das M_6C-Karbid. Auch die ursprünglich ungedeuteten Linien, die der Struktur des $M_{23}C_6$-Karbids entsprechen, traten sehr schwach in Erscheinung. Ein kolloidaler Anteil des Isolates zeigte in seinem Beugungsbild neben Linien des M_6C-Karbides Reflexe einer hexagonal dichtgepackten Struktur ähnlich W_2C. Die Gitterkonstanten waren etwa 2% kleiner als die des W_2C-Karbides. Es muß demnach wie beim Mo_2C-Karbid im Stahl 10 CrMo 9 10 auch hier eine Mischkristallbildung angenommen werden, die höchstwahrscheinlich ebenfalls in einer Aufnahme von Eisenatomen aus der Matrix besteht. Die Gegenwart des VC-Karbides konnte aus den obengenannten Gründen auch im Isolat röntgenografisch nicht nachgewiesen werden.
Nach diesen Ergebnissen ist der Austenitzerfall des Stahles X 30 WCrV 9 3 in der Perlitstufe durch die Bildung eines nichtlamellaren Sonderkarbid-Eutektoids »F + K« gekennzeichnet, die schon bei verhältnismäßig kurzen Zeiten durch eine voreutektoidische Karbidausscheidung an den Korngrenzen eingeleitet wird. An diesem Zerfallsvorgang ist außer dem Ferrit in der Hauptsache das M_6C-Karbid und daneben in äußerst feiner Verteilung das VC-Karbid beteiligt. In kleinen Mengen entstehen stellenweise auch die Karbide $M_{23}C_6$ und W_2C. Von diesen Phasen ist das W_2C-Karbid mit Sicherheit als metastabil anzusehen, da es nach dem System Fe—W—C nicht im Gleichgewicht mit dem α-Eisen auftreten kann. Daher stehen die beobachteten Umwandlungsvorgänge auch bei diesem Stahl nur formal mit einer übereutektoidischen Gleichgewichtsreaktion im Einklang.
Unter den Versuchswerkstoffen ist der Stahl X 30 WCrV 9 3 die einzige Legierung, bei der kein lamellares Eutektoid »P« gebildet wird und bei der trotz des niedrigen C-Gehaltes wie beim Stahl X 38 CrMoV 5 1 eine voreutektoidische Karbidausscheidung auftritt. Von dem legierungsärmeren Stahl 60 WCrV 7 der gleichen Gruppe unterscheidet er sich dementsprechend auch in der Struktur der vorherrschenden, eutektoidischen Karbidphase. Mit dem untereutektoidischen Stahl 10 CrMo 9 10, der ihm im (Mo+W):C-Atomverhältnis am nächsten kommt, hat er die Bildung von Mischkristallen der hexagonalen Struktur M_2C als Übergangsphase gemeinsam.
Ein sehr ähnliches Umwandlungsverhalten wie der Stahl X 30 WCrV 9 3 zeigt auch der Stahl X 30 WCrV 5 3, der statt 9 nur 5% Wolfram enthält.

6.54 Umwandlung der Karbidbestandteile

Durch die langzeitige Glüh- und Anlaßbehandlung von 200 h bei 750° C wurden auch beim Stahl X 30 WCrV 9 3 durchgreifende Gefügeveränderungen bewirkt. So zeigt das Glühgefüge in Abb. 45a gegenüber dem isothermisch umgewandelten Ausgangszustand in Abb. 44a vor allem eine beträchtliche Einformung der eutektoidischen Karbidbestandteile und eine wesentlich stärkere Belegung der Umwandlungskorngrenzen mit Ausscheidungen. In der Umgebung der Korngrenzen ist daher häufig eine starke Verarmung der Ferritkristalle an Karbideinschlüssen zu beobachten. Neben den groben Karbidkörnern sind auch noch zahlreiche kleine Kriställchen erhalten geblieben, die beispielsweise im weichgeglühten Anlieferungszustand (Abb. 39a und b) nicht in diesen Mengen vorhanden waren. Bei diesem Vergleich ist der unterschiedliche Abbildungsmaßstab im Verhältnis 3:1 zu berücksichtigen.

Das Anlaßgefüge in Abb. 45b unterscheidet sich von dem abgeschreckten Ausgangszustand in den Abb. 40a und b naturgemäß hauptsächlich durch die Rekristallisation der ferritischen Grundmasse und die größere Zahl der Karbideinschlüsse. Darüber hinaus ist eine Vergröberung der ursprünglich ungelösten Karbidkörner festzustellen, wobei auch hier der im Verhältnis 3:1 geänderte Abbildungsmaßstab zu beachten ist. Im Vergleich zum Glühgefüge in Abb. 45a sind die Korngrenzen nicht so stark mit Ausscheidungen belegt und wesentlich weniger feine Karbideinschlüsse vorhanden. Das Anlaßgefüge ist daher dem weichgeglühten Anlieferungszustand (Abb. 39a und b) ähnlicher als dem Glühgefüge.

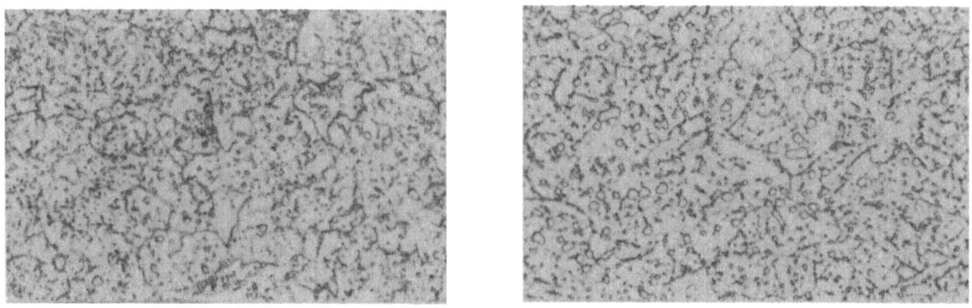

a) 1000:1 b) 1000:1

Abb. 45 Stahl X 30 WCrV 9 3 (F) – Gefüge nach langzeitigem Glühen und Anlassen:
a) 15 min 1120° C/9000 s 750° C/H_2O + 200 h 750° C/Luft, Ferrit, Karbide: M_6C, $M_{23}C_6$ (sw), VC (sw)
b) 15 min 1120° C/H_2O + 200 h 750° C/H_2O Ferrit, Karbide: M_6C, VC (sw)

Die Karbidstrukturen nach diesen langzeitigen Wärmebehandlungen wurden röntgenografisch an den isolierten Rückständen bestimmt. Von der geglühten Probe wurden zusätzlich auch Ausziehabdrucke vor allem daraufhin geprüft, ob von den kleinen Mengen an $M_{23}C_6$- und W_2C-Karbiden nach der isothermischen Umwandlung noch Reste vorhanden waren. Für beide Behandlungen ergab sich als Hauptbestandteil das ternäre Eisen–Wolfram-Karbid M_6C und daneben eine kleine Menge an VC-Karbiden. Die Beugungsbilder für den geglühten Zustand zeigten außerdem auch noch schwache Linien des $M_{23}C_6$-Karbids, dagegen wurden Anzeichen für die Gegenwart von W_2C-Karbiden nicht mehr festgestellt. Mit dieser Ausnahme liegen somit bei beiden Nachbehandlungen trotz der beobachteten Gefügeveränderungen noch die gleichen Karbidphasen vor wie in den ursprünglichen Zuständen.

Durch den Unterschied im Auftreten des $M_{23}C_6$-Karbides zwischen dem geglühten und angelassenen Zustand ist die Frage nach dem Gleichgewichtszustand noch offen. Versuche von K. Kuo [95] an der gleichen Stahlqualität haben aber gezeigt, daß auch beim Anlassen das $M_{23}C_6$-Karbid gebildet wird. Es entsteht demzufolge immer nur nach dem M_6C-Karbid und tritt erst auf, wenn bei kurzen Anlaßzeiten von 1 h Temperaturen von mindestens 800°C oder bei Temperaturen um 750°C Zeiten von 500 h angewendet werden. Kuo schreibt die Bildung des $M_{23}C_6$-Karbides dem Chromgehalt des Stahles zu. Demnach ist anzunehmen, daß die im langzeitig geglühten Zustand nachgewiesenen Karbidphasen M_6C – diese als Hauptbestandteil – $M_{23}C_6$ und VC dem Gleichgewichtszustand entsprechen.

6.55 Chemische Zusammensetzung und Menge der Karbidbestandteile

Die Ergebnisse der mikroanalytischen Untersuchungen an den Rückständen des Stahles X 30 WCrV 9 3 nach den verschiedenen Wärmebehandlungen entsprechend Tab. 4 sind in Tab. 15 zusammengefaßt. Die Angaben beschränken sich auch hier auf die mengenmäßig wesentlichen Legierungsbestandteile für die Karbidbildung.

Die Übereinstimmung der *Analysensummen* mit dem Sollwert entspricht der bei den anderen übereutektoidischen Versuchswerkstoffen. Nennenswerte Unterschiede, deren mögliche Ursachen wiederholt begründet wurden, treten nur im gehärteten (HW_1) und isothermisch umgewandelten (GP_1) Zustand auf.

Die *Legierungsgehalte* der Isolate, bezogen auf 100 g Stahl, sind bei allen Behandlungen niedriger als die betreffenden Gesamtgehalte. Offensichtliche Analysenfehler liegen demnach nicht vor. Aus den Werten ergibt sich eine sehr unterschiedliche Verteilung der drei sonderkarbidbildenden Elemente auf den Rückstand und die ferritische Grundmasse, entsprechend ihrer verschiedenen Affinität zum Kohlenstoff. So sind vom Vanadin und Wolfram wie beim Stahl 60 WCrV 7 der gleichen Legierungsgruppe durchschnittlich 90 bzw. 85% im Rückstand gebunden, wenn die Werte für den gehärteten Zustand HW_1 unberücksichtigt bleiben. Vom Chrom enthält der Rückstand dagegen nur etwas über 30%, also nur rd. ein Drittel der Anteile an Vanadin und Wolfram. Beim Stahl 60 WCrV 7 ist zum Unterschied davon der Chromanteil im Rückstand mit durchschnittlich 75% noch mehr als doppelt so groß, da durch seinen höheren Kohlenstoffgehalt mehr Chrom als Karbid abgebunden wird.

Im gehärteten Zustand HW_1 ergeben sich durch die teilweise Auflösung der Karbidbestandteile für die im Rückstand enthaltenen Anteile der Legierungselemente zwangsläufig wesentlich niedrigere Werte.

Die auf 100 g Stahl bezogenen *Kohlenstoffgehalte* der Rückstände liegen aus den mehrfach genannten Gründen wie bei den anderen Versuchswerkstoffen auch hier meistenteils etwas über dem Grenzwert der Stahlanalyse von 0,28% C.

Aus der Umrechnung der chemischen Zusammensetzung der Rückstände in *Atomprozente* ergeben sich für die karbidbildenden Elemente die in Tab. 16 zusammengefaßten Werte, wenn diese auf 100 Atome bezogen werden. In der grafischen Darstellung sind sie mit den betreffenden Karbidmengen in Abb. 46 wiedergegeben. Für den gehärteten Zustand HW_1 beziehen sich die eingezeichneten Punkte auf die rechnerisch ermittelten Werte der Tab. 16 für die karbidischen Bestandteile im Isolat.

Trotz des verhältnismäßig niedrigen C-Gehaltes des Stahles X 30 WCrV 9 3 von rd. 0,3% ist die *Karbidmenge* in den nicht gehärteten Behandlungszuständen mit durchschnittlich 12% sehr hoch. Diese Menge entspricht der des Stahles

Tab. 15 Menge und chemische Zusammensetzung der Isolierungsrückstände des Stahles X 30 WCrV 9 3 *(Schmelze F) in Gewichtsprozenten nach den Wärmebehandlungen in Tab. 4*

Wärme-behandlung (Tab. 4)	Anteile des Isolats	Chemische Zusammensetzung in Gew.-% bezogen auf das Isolat					Analysen-summe in Gew.-%	Isolat-menge in Gew.-%	Chemische Zusammensetzung in Gew.-% bezogen auf den Stahl				
		C	Cr	W	V	Fe			C	Cr	W	V	Fe
GW_0	Isolat, ges.	2,6	6,2	63,6	2,8	21,7	101,7	12,80	0,33	0,79	8,13	0,35	2,78
HW_1	unmagnetisch magnetisch	5,7	2,6	63,9	0,6	23,6	90,0 90,8	3,61 1,17	0,27	0,12	3,05	0,03	1,13
GP_1	Isolat[1] Kolloid	2,9	8,0	59,5	2,3	24,6	87,2 70,3	11,14 0,04	0,32	0,89	6,65	0,26	2,75
GW_1	Isolat, ges.	2,6	6,9	61,0	2,4	24,3	100,9	11,89	0,31	0,82	7,25	0,28	2,89
A_2	Isolat, ges.	2,7	6,8	62,5	2,8	23,6	96,6	12,20	0,33	0,83	7,62	0,34	2,88

[1] Ohne Kolloid.

60 WCrV 7 mit dem zweifachen Gehalt an Kohlenstoff, und sie ist mehr als doppelt so groß wie die der beiden anderen übereutektoidischen Stähle 45 CrVMoW 5 8 und X 38 CrMoV 5 1 mit einem um etwa 0,1% höheren Kohlenstoffgehalt. Dies ist nach Tab. 15 auf den sehr hohen Gehalt des Rückstandes an metallischen Bestandteilen, vor allem an Wolfram zurückzuführen. Dieser hohe Metallgehalt ist damit zu erklären, daß der Rückstand als wesentlichen Bestandteil das metallreichste M_6C-Karbid enthält.
Für die *Änderung der Karbidmenge* in Abhängigkeit von den verschiedenen Wärmebehandlungen geht aus Tab. 16 und Abb. 46 hervor, daß beim Härten durch die Austenitisierung von 15 min bei 1120°C eine Abnahme von 12,8 auf 4,6% eintritt. In Übereinstimmung mit den Gefügebeobachtungen (Abb. 40a und b) bleiben also trotz der hohen Härtetemperatur noch über 35% der Karbidbestandteile ungelöst. Durch die nachfolgenden Wärmebehandlungen steigt die Karbid-

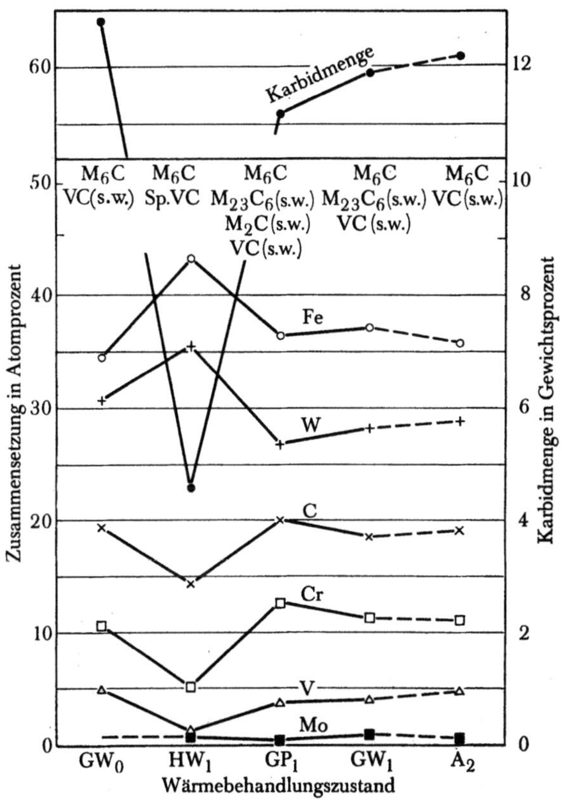

Abb. 46 Stahl X 30 WCrV 9 3 (F) – Struktur, Menge und Zusammensetzung der Karbidphasen nach den in Tab. 4 angegebenen Wärmebehandlungen (Werte aus Tab. 16)
Atomprozent bezogen auf C + Cr + Mo + W + V + Fe = 100
Sp. = Spuren, sw = sehr wenig

Tab. 16 Struktur und Zusammensetzung (Atom-%) der Karbidbestandteile im Stahl X 30 WCrV 9 3 *(Schmelze F) nach den Wärmebehandlungen in Tab. 4*

Wärmebehandlung (Tab. 4)	Anteile des Isolats	Struktur der Karbidbestandteile	Isolatmenge in Gew.-%	Chemische Zusammensetzung in Atom-%[4] bezogen auf das Isolat				
				C	Cr	W	V	Fe
GW_0	Isolat, ges.	M_6C; VC (sw)	12,80	19,3	10,6	30,7	4,9	34,5
HW_1	unmagnetisch	M_6C; VC (Spuren)	4,78	36,1	3,8	26,5	0,9	32,2
	magnetisch		4,59[2]	14,3[3]	5,1[3]	35,5[3]	1,2[3]	43,2[3]
GP_1	Isolat[1] Kolloid	M_6C; $M_{23}C_6$ (sw); VC (sw) W_2C (sw)	11,18	20,0	12,7	26,8	3,7	36,4
GW_1	Isolat, ges.	M_6C; $M_{23}C_6$ (sw); VC (sw)	11,89	18,5	11,3	28,2	4,0	37,1
A_2	Isolat, ges.	M_6C; VC (sw)	12,20	19,1	11,1	28,8	4,7	35,8

sw = sehr wenig

[1] Ohne Kolloid.
[2] Karbidmenge nach Abzug des berechneten, gelösten Kohlenstoffgehaltes.
[3] Berechnete Zusammensetzung der Karbidbestandteile nach Abzug des gelösten Kohlenstoffgehaltes.
[4] Bezogen auf C + Cr + W + V + Fe = 100.

menge naturgemäß wieder fast auf den Ausgangswert an. Die Unterschiede in den Karbidmengen zwischen den nicht gehärteten Behandlungszuständen sind nach Tab. 15 im wesentlichen durch die Unterschiede der in den Rückständen gebundenen Wolframgehalte bedingt. Diese lassen sich mit den Unterschieden in den Strukturen der gebildeten Karbidphasen in Zusammenhang bringen. Für den isothermisch umgewandelten Zustand GP_1 sind jedoch auch kleine Analysenfehler wegen der Unterschreitung der Summe nicht auszuschließen.

In der *chemischen Zusammensetzung* tritt nach Abb. 46 beim Stahl X 30 WCrV 9 3 im Gegensatz zu den anderen Versuchswerkstoffen nach allen Wärmebehandlungen das Wolfram nach dem Eisen als Hauptbestandteil der Rückstände auf. Dies stimmt mit dem Ergebnis der Strukturuntersuchungen überein, daß alle Rückstände – wie bereits oben erwähnt – im wesentlichen aus M_6C-Karbiden bestehen. Die hauptsächlichen metallischen Komponenten dieser Phase sind Eisen und Wolfram. Die Änderung ihrer Gehalte durch die Wärmebehandlungen ist demnach auch ein Maß für die Änderung des Mengenanteils an M_6C-Karbiden in den Rückständen. Die anderen Elemente Chrom, Vanadin und insbesondere Molybdän sind ebenfalls im M_6C-Karbid in unterschiedlichen Mengen löslich [93–96]. Sie können aber auch von den anderen nachgewiesenen Karbidphasen aufgenommen werden. Dementsprechend sind die zu beobachtenden Änderungen in den Gehalten dieser Elemente sehr verschieden gerichtet und auch nicht immer eindeutig zu erklären, vornehmlich wenn mehr als zwei Karbidphasen im Rückstand auftreten.

Als charakteristisch ist hervorzuheben, daß sich die Gehalte an Chrom und Kohlenstoff sowie teilweise auch an Vanadin in Abhängigkeit von den verschiedenen Wärmebehandlungen im umgekehrten Sinne ändern wie die Gehalte an Eisen und Wolfram. So bewirkt das Härten HW_1 gegenüber dem Anlieferungszustand GW_0, daß sich die Gehalte des Rückstandes an Eisen und Wolfram erhöhen, an Chrom, Vanadin und Kohlenstoff dagegen erniedrigen. Diese Veränderungen sind in Übereinstimmung mit den Strukturbefunden darauf zurückzuführen, daß sich das Mengenverhältnis der beiden nachgewiesenen Karbidphasen M_6C und VC bei der Austenitisierung zugunsten des M_6C-Karbides verschiebt. Die Abnahme des Chromgehaltes ist am ehesten mit einer verringerten Löslichkeit der Karbide bei der Härtetemperatur erklärbar. Da sich die Gehalte der verschiedenen Elemente bei der sich anschließenden isothermischen Umwandlung GP_1 wieder in entgegengesetzter Richtung ändern, kann angenommen werden, daß auch das Mengenverhältnis zwischen den Karbiden M_6C und VC wieder im umgekehrten Sinne beeinflußt wird. Die Unterschiede in den Gehalten an Eisen, Chrom und Wolfram gegenüber dem Ausgangszustand GW_0 dürften teils auf die zusätzliche Bildung der geringen Mengen an $M_{23}C_6$- und W_2C-Karbiden und teils auf kleine Analysenfehler zurückzuführen sein. Die geringfügigen Abweichungen in der Zusammensetzung zwischen den langzeitigen Behandlungszuständen GW_1 und A_2 liegen innerhalb der analytischen Fehlergrenze Die kleinen Mengen an $M_{23}C_6$-Karbiden, die neben den in beiden Fällen gebildeten M_6C- und VC-Karbiden nur nach der Glühung GW_1 auftreten, wirken sich demnach auf die Rückstandsgehalte nicht merklich aus. Dies kann aber darauf

hindeuten, daß dieser Unterschied in den auftretenden Phasen durch Änderungen ihrer Zusammensetzung bzw. Mengenverhältnisse ausgeglichen wird.
Nach diesen Gegenüberstellungen werden die Ergebnisse der Strukturbestimmungen durch die mikroanalytischen Untersuchungen an den Rückständen grundsätzlich bestätigt und Hinweise auf Veränderungen in den Mengenverhältnissen der nachgewiesenen Karbidphasen gegeben. Es ist jedoch auch hiernach noch nicht eindeutig zu entscheiden, ob die bei der langzeitigen Glühung GW_1 gebildeten Karbidphasen M_6C, $M_{23}C_6$ und VC – wie von K. Kuo [95] angegeben – bereits dem Gleichgewichtszustand entsprechen.
Diese Frage konnte bei den anderen Versuchswerkstoffen ebenfalls nicht immer eindeutig beantwortet werden, da auch bei einer Übereinstimmung in den gebildeten Karbidphasen noch Unterschiede in der chemischen Zusammensetzung der isolierten Rückstände vorlagen. Im folgenden soll daher durch die Zusammenfassung der eigenen Ergebnisse mit denen aus anderen Arbeiten unter Berücksichtigung der Gleichgewichte in den ternären Randsystemen geprüft werden, welche Karbidphasen dem stabilen Zustand entsprechen.

7. Phasengleichgewichte der legierten Werkzeugstähle und warmfesten Baustähle im Vierstoffsystem Fe–Cr–Mo/W–C

Die Karbidumwandlungen, die beim Glühen nach einem isothermischen Zerfall des Austenits in der Perlitstufe beobachtet wurden, haben bestätigt, daß bei diesem Vorgang noch kein stabiler Endzustand im Sinne eines Gleichgewichtes erreicht wird. Die betreffenden Ergebnisse der Strukturuntersuchungen sind in Tab. 17 denen für die langzeitigen Anlaßbehandlungen gegenübergestellt. Als Schlußfolgerung aus diesen Ergebnissen sind darüber hinaus die Phasen angegeben, die im Gleichgewicht zu erwarten sind. Teilweise liegen hierzu bestätigende Untersuchungen von anderen Verfassern [95, 96, 103] vor.
Aus dieser Gegenüberstellung geht hervor, daß bei der isothermischen Umwandlung in der Perlitstufe in allen Fällen die Gleichgewichtskarbide bereits in Erscheinung treten. Zusätzlich liegen jedoch noch weitere, instabile Karbidbestandteile vor, die sich erst nachträglich zugunsten der Gleichgewichtsphasen auflösen. Beim Stahl 60 WCrV 7 (Schmelzen A und B) sind diese instabilen Phasen auf die bei der Austenitisierung ungelösten Karbidbestandteile zurückzuführen. In allen anderen Fällen sind sie dagegen ein Reaktionsprodukt des Austenitzerfalls.
Aus den Unterschieden in den Karbidbestandteilen zwischen der langzeitigen Glüh- und Anlaßbehandlung bei den Stählen X 38 CrMoV 5 1 und X 30 WCrV 9 3 ist zu schließen, daß eine Haltedauer von 200 h bei 750°C nicht immer ausreicht, den Gleichgewichtszustand einzustellen. Dies zeigt auch das Vorhandensein instabiler Phasen nach diesen Behandlungen beim Stahl 10 CrMo 9 10

Tab. 17 Karbidbestandteile der Versuchswerkstoffe in verschiedenen Behandlungszuständen und im Gleich

Wärme-behandlung (Tab. 4)	60 WCrV 7 (Schmelzen A + B)	45 CrVMoW 5 8 (Schmelze C)	
GP_1	$M_{23}C_6$; M_6C; Sp. VC	M_3C; $M_{23}C_6$ (w); VC (sw)	M
GP_2	$M_{23}C_6$; M_6C; Sp. VC	———	M
GP_3	———	———	M
GW_1	$M_{23}C_6$; Sp. VC	$M_{23}C_6$; VC	M
GW_2	———	———	
A_2	$M_{23}C_6$; Sp. VC	$M_{23}C_6$; VC	M
G 1	$M_{23}C_6$; Sp. VC	$M_{23}C_6$; VC	M
G 2	$M_{23}C_6$; (Sp. VC)[1]	$M_{23}C_6$; (VC)[1]	M

Sp. = Spuren – w = wenig – sw = sehr wenig – (M_6C) = zu vermuten
G 1 = Gleichgewicht nach Versuchsunterlagen
G 2 = Gleichgewicht nach Schaubild (Abb. 52 und 53)

[1] Das VC-Karbid ist in den Schaubildern 52 und 53 nicht aufgeführt und deshalb hier eingeklammert.

stoff (Schmelze)		
V 5 1 e D)	10 CrMo 9 10 (Schmelze E)	X 30 WCrV 9 3 (Schmelze F)
$_6$C); Sp. VC $_6$C); Sp. VC C (w); Sp. VC	$M_{23}C_6$; Mo_2C; M_7C_3 (w) $M_{23}C_6$; Mo_2C; M_7C_3 (w); (M_6C) ———	M_6C; $M_{23}C_6$ (sw); W_2C (sw); VC (sw) ——— ———
C (w); VC (sw) ———	$M_{23}C_6$; M_6C; M_7C_3 (w) $M_{23}C_6$; M_6C; M_7C_3 (w)	M_6C; $M_{23}C_6$ (sw); VC (sw) ———
sw)	$M_{23}C_6$; M_6C; M_7C_3 (w)	M_6C; VC (sw)
	$M_{23}C_6$; M_6C $M_{23}C_6$; M_6C	M_6C; $M_{23}C_6$; VC (sw) M_6C; $M_{23}C_6$; (VC)[1]

[103]. Dabei ist hervorzuheben, daß die Glühung nach der isothermischen Umwandlung in der Perlitstufe im allgemeinen früher zum Gleichgewicht führt als das Anlassen nach Abschrecken von der Austenitisierungstemperatur. Dieses Ergebnis läßt sich damit erklären, daß die in der Perlitstufe gebildeten Karbidphasen teilweise bereits dem Gleichgewichtszustand entsprechen. Das bedeutet, daß die Haltedauer bis zur Einstellung des Gleichgewichtes entscheidend vom Reaktionsweg abhängig ist [96].

Bei allen untersuchten Stählen, soweit sie Vanadin enthalten, tritt in jedem Behandlungszustand übereinstimmend das Vanadinkarbid auf. In den gleichzeitig gebildeten Chrom- und Molybdän–Wolfram-Karbiden liegen dagegen legierungsbedingte Unterschiede vor. Diese Ergebnisse bestätigen zunächst die Erfahrung, daß bei den Karbidreaktionen zuerst die Elemente der IV. und V. Gruppe des periodischen Systems – ausreichende Gehalte vorausgesetzt – ihre eigenen Karbidphasen mit dem kubischen Gitter dichtester Kugelpackung vom Steinsalztyp bilden. Sie besagen aber dementsprechend weiterhin, daß die Unterschiede in den entstehenden Karbidphasen und der damit zusammenhängenden Gefügeausbildung im wesentlichen durch die Gehalte an den Elementen der VI. Gruppe Cr, Mo und W erklärbar sind. Wenn demnach die Bildung von kubischen Karbiden der Elemente aus der IV. und V. Gruppe als gegeben vorausgesetzt wird, lassen sich die Phasengleichgewichte der legierten Werkzeugstähle und warmfesten Baustähle auf die im System Fe—Cr—Mo—W—C zurückführen. Dieses System kann wie ein Vierstoffsystem behandelt werden, weil Molybdän und Wolfram wegen der Isomorphie ihrer Karbidphasen als Summe berücksichtigt werden können. Von diesen vereinfachenden Voraussetzungen und Vorstellungen ausgehend wird im folgenden versucht, für die Phasengleichgewichte der Stähle eine anschauliche und zugleich möglichst einfache, allgemeingültige Darstellung zu entwickeln.

Das Vierstoffsystem Fe—Cr—Mo/W—C ist auf der in Betracht kommenden Eisenseite sehr verwickelt, da neben dem Eisenmischkristall an Karbidphasen außer dem Zementit zwei Sonderkarbide des Chroms und drei des Molybdäns bzw. des Wolframs auftreten. Daher sind die räumlichen Zusammenhänge bereits für einen isothermischen Zustand nicht übersichtlich darzustellen. Es kommt noch hinzu, daß die Phasengleichgewichte einer bestimmten Legierung normalerweise nur durch den betreffenden Konzentrationsschnitt des isothermischen Raummodells anschaulich und vor allem auch eindeutig zu beschreiben sind. Wegen der sehr unterschiedlichen Legierungshöhe der hier betrachteten Cr—Mo—W-Stähle wäre daher für diese in dem vorgesehenen Sinne ins Einzelne gehende Beschreibung der Phasengleichgewichte eine Vielzahl von derartigen Schnitten notwendig.

In den eingangs behandelten Arbeiten von K. Kuo [78, 95, 96] wird jedoch gezeigt, daß diese Stähle bei übereinstimmendem Atomverhältnis zwischen den Gehalten an den Legierungselementen und an Kohlenstoff weitgehend unabhängig von der Höhe dieser Gehalte im Gleichgewicht auch gleiche Karbidphasen bilden. Diese Zusammenhänge sind dadurch gekennzeichnet, daß die Atomverhältniswerte aus der Zusammensetzung des Stahles und der sich bildenden Karbid-

phasen sehr ähnlich sind. Dies wird auch durch die Ergebnisse an den sehr verschieden hoch legierten Stählen der vorliegenden Untersuchung bestätigt. So zeigen die Stähle 60 WCrV 7 (Schmelzen A und B), 45 CrVMoW 5 8 und X 38 CrMoV 5 1 entsprechend ihrem nahezu gleichen (Mo+W):C-Verhältnis von rd. 0,25 (Tab. 2) im Gleichgewicht neben dem VC-Karbid übereinstimmend nur das $M_{23}C_6$-Karbid (Tab. 17). Dieses ist seinerseits im (Mo+W):C-Verhältnis durch die Beschränkung der Löslichkeit für diese Legierungselemente auf 2 Atome je Formeleinheit auf einen Wert von 0,33 begrenzt. Mit der Überschreitung dieses Wertes bei den Stählen 10 CrMo 9 10 und X 30 WCrV 9 3 durch Werte von 1,1 bzw. 2,1 tritt daher noch zusätzlich das M_6C-Karbid auf, das bei 2–3 Molybdän- bzw. Wolfram-Atomen je Formeleinheit im (Mo+W):C-Verhältnis zwischen den Werten 2 und 3 liegt. Zum Unterschied hiervon läßt das Cr:C-Verhältnis der Stähle (Tab. 2) keine eindeutige Beziehung zu den Gleichgewichtskarbiden erkennen. So haben die drei zuerst genannten Stähle bereits sehr verschieden hohe Werte zwischen 0,55 und 3,3, während die beiden letzteren mit Werten von 4,4 bzw. 2,1 sowohl oberhalb als auch innerhalb dieses Bereiches liegen. Dieser Unterschied in der Eindeutigkeit der Zusammenhänge ist damit zu erklären, daß sich die Löslichkeitsbereiche der beiden Karbide $M_{23}C_6$ und M_6C für Chrom im Gegensatz zu denen für Molybdän und Wolfram teilweise überdecken, weil sie wesentlich ausgedehnter sind. Es wird sich aber noch zeigen, daß die Höhe der vorliegenden Cr:C-Verhältnisse bei allen Versuchswerkstoffen für das Auftreten des $M_{23}C_6$-Karbides entscheidend ist.
Auf Grund dieser Beziehungen erscheint es möglich, durch ihre Anwendung auf das Vierstoffsystem Fe—Cr—Mo/W—C die räumlichen Zusammenhänge für die vorgesehene Beschreibung der Phasengleichgewichte der Cr—Mo—W-Stähle im Sinne der angestrebten Vereinfachung auf eine ebene, zweidimensionale Darstellung zurückzuführen. Zur Erläuterung und Veranschaulichung dieser Vereinfachung und der sich daraus ergebenden Verhältnisse werden im folgenden isothermische Schnitte der bekannten ternären Randsysteme Fe—Cr—C [123] und Fe—W—C [78, 124] herangezogen, die in den Abb. 47 und 48 wiedergegeben sind. Die Konzentrationen der Eckelemente sind hier zweckentsprechend in Atomprozenten ausgedrückt. Daraus entstehen die in den Abb. 49 und 50 gezeigten Darstellungen, wenn die Karbidzusammensetzungen beibehalten werden und im Sinne der Betrachtungsweise von K. Kuo angenommen wird, daß die Eisenmischkristalle im Legierungsmetall–Kohlenstoff-Verhältnis mit den jeweiligen Karbidphasen übereinstimmen. Diese Annahme ist gleichbedeutend damit, daß die Konoden im Existenzbereich des α-Eisens durch ein konstantes Verhältnis der Legierungskomponente zum Kohlenstoff festgelegt sind und sich somit in der Eisenecke schneiden, wie die entsprechenden Begrenzungen zwischen den betreffenden Phasenfeldern in den Abb. 49 und 50.
Unter dieser Voraussetzung können die Konoden im Sinne der darstellenden Geometrie als Projektionsstrahlen mit der Eisenecke als Projektionszentrum aufgefaßt werden. Dadurch ist es möglich, die betreffenden Phasenfelder durch eine Zentralprojektion als Abschnitte auf der Dreiecksseite gegenüber der Eisenecke oder einer dazu parallelen Geraden abzubilden, ohne daß sie sich wie bei den

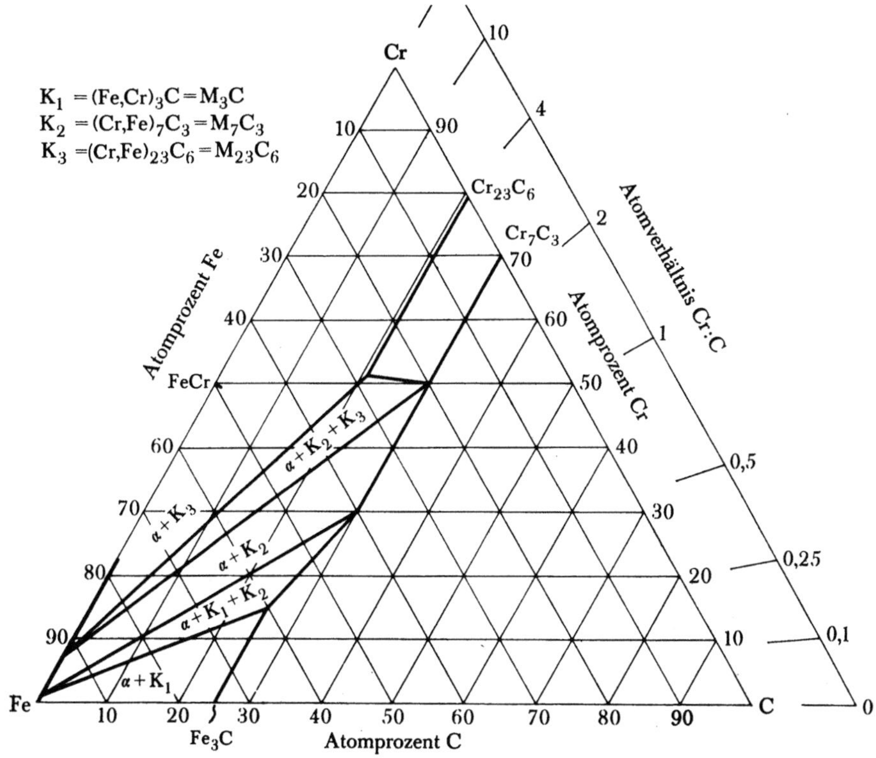

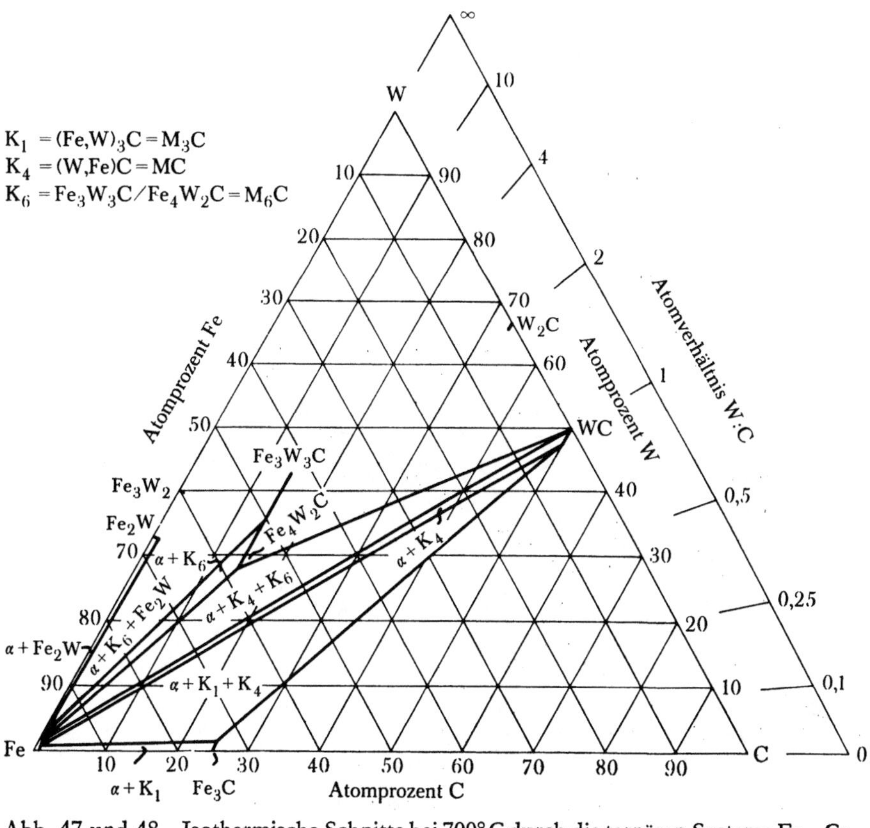

Abb. 47 und 48 Isothermische Schnitte bei 700° C durch die ternären Systeme Fe—Cr—C [123] und Fe—W—C [78, 124]

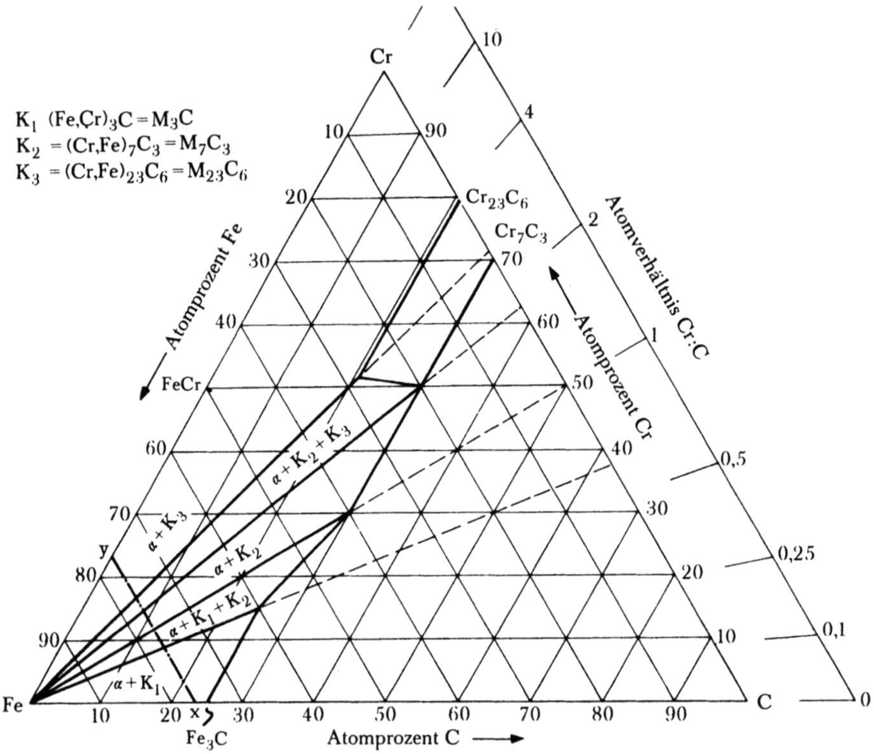

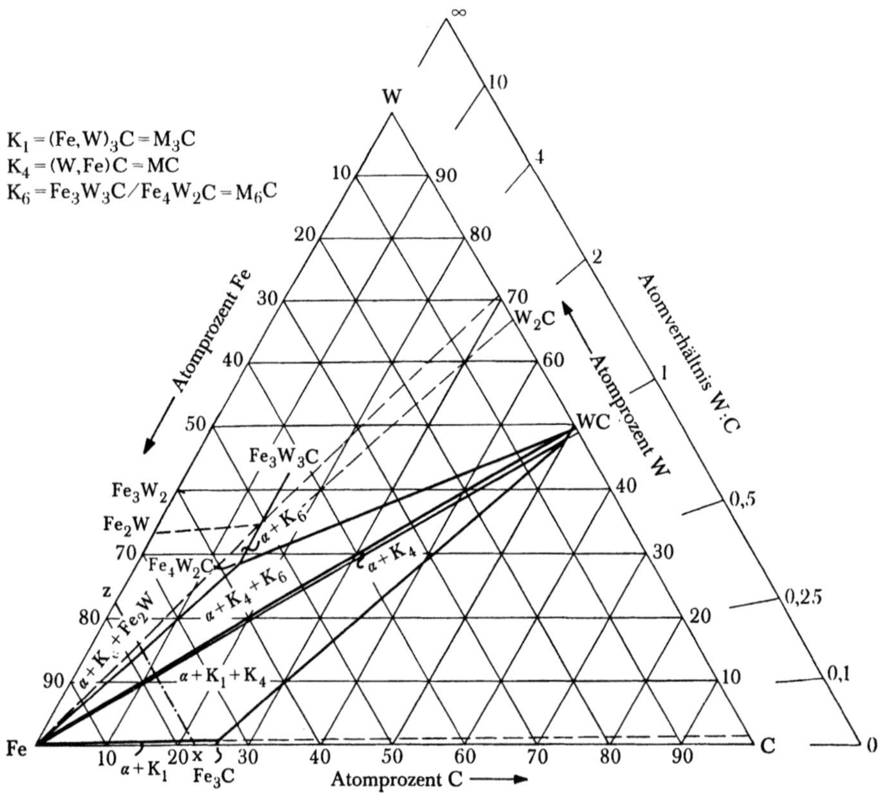

Abb. 49 und 50 Isothermische Schnitte bei 700° C durch die ternären Systeme Fe—Cr—C und Fe—W—C, idealisiert für die Darstellung durch eine Zentralprojektion

Realdiagrammen teilweise überdecken. Eine Ausnahme macht nur das Einphasenfeld des Eisenmischkristalls, das sich durch seine Lage vor dem Projektionszentrum über die gesamte Projektionsgerade erstreckt. Auf seine Wiedergabe kann jedoch verzichtet und die Abbildung auf die in Betracht kommenden, unmittelbar angrenzenden Phasenfelder beschränkt werden. Mit dieser Beschränkung ist das Darstellungsverfahren in den Abb. 49 und 50 durch die gestrichelte Verlängerung der Begrenzungskonoden zwischen den Phasenfeldern bis zur Dreiecksseite der jeweiligen Legierungskomponente und des Kohlenstoffs als Projektionsgerade angedeutet. Hierdurch wird zugleich veranschaulicht, daß diese Abbildung der Phasenfelder der Projektion der Konzentrationslinie der Karbidphasen entspricht.

Aus dieser Vereinfachung der Darstellung auf Grund der Annahme, daß in den Eisenmischkristallen das gleiche Konzentrationsverhältnis der Legierungskomponente zum Kohlenstoff vorliegt wie in den zugehörigen Karbidphasen, ergeben sich für die verschiedenen Phasenfelder unterschiedliche Abweichungen von den Realdiagrammen. Nach den Abb. 47 und 48 ist der Verhältniswert im Eisenmischkristall entgegen der Annahme immer höher als in der betreffenden karbidischen Phase. Dabei nimmt aber der Unterschied der Verhältniswerte mit dem Wert in den Karbidbestandteilen zu. Somit sind auch die Konoden nicht durch einen konstanten, durch die Karbidzusammensetzung gegebenen Verhältniswert festgelegt, sondern sie verlaufen in Richtung auf den Eisenmischkristall – also mit zunehmendem Eisengehalt – zu um so höheren Werten, je legierungsreicher die betreffenden Karbidphasen sind. Damit gilt das gleiche für die entsprechenden Grenzen der Phasenfelder. Sie sind in den idealisierten Darstellungen bzw. ihren Abbildungen (Abb. 49 und 50) gegenüber ihrer Lage in den Realbildern 47 und 48 zu niedrigeren Verhältniswerten verschoben, die durch die Eckzusammensetzungen der jeweiligen Karbidphasen bestimmt werden. Die Verschiebung nimmt mit der Entfernung von der Begrenzung der Phasenfelder auf der Karbidseite zu und ist um so größer, je höher legiert die auftretenden Karbidphasen sind. Wie ein Vergleich der Abb. 49 und 50 mit den Abb. 47 und 48 dementsprechend zeigt, ist die Übereinstimmung zwischen den idealisierten und realen Zustandsdiagrammen im Existenzbereich des Eisenmischkarbides und des niedrig legierten Molybdän-Wolfram-Karbides MC am besten. In den Feldern der Karbide M_7C_3, $M_{23}C_6$ und M_6C liegen dagegen größere Abweichungen vor. Außerdem ist die Übereinstimmung in allen Phasenfeldern um so besser, je näher man der Konzentrationslinie für die Karbidphasen kommt. Demnach muß bei der Anwendung der idealisierten Schaubilder auf die Phasengleichgewichte ternärer Legierungen damit gerechnet werden, daß die nach ihrer chemischen Zusammensetzung gegebenen Phasenfelder bzw. die danach zu erwartenden Karbidbestandteile den tatsächlich gebildeten nicht immer vollständig entsprechen. Das gilt vor allem für Legierungen mit hohen Konzentrationsverhältnissen der Legierungskomponente zum Kohlenstoff und für solche mit niedrigen C-Gehalten bzw. geringen Karbidmengen.

In der Projektion entsprechen die isothermischen Schnitte der Dreistoffsysteme dem eines Zweistoffsystemes, da die Dimensionen des Systems um eine verringert werden. Das gleiche gilt sinngemäß auch für die Zahl der Komponenten, die im vorliegenden Fall um die Eisenkomponente eingeschränkt ist. Dementsprechend beziehen sich auch die Konzentrationsangaben auf der Projektionsgeraden immer nur auf die relativen Gehalte der beiden jeweiligen Eckelemente. Diese können in Anlehnung an die Entwicklung der Darstellung durch das Atomverhältnis ausgedrückt werden, entsprechend der zweiten Achsenteilung in den Abb. 49 und 50. Daraus geht aber hervor, daß sich aus diesem Konzentrationsverhältnis bei der vorliegenden Ausdehnung der Phasenfelder keine gleichmäßige Achsenteilung ergibt. Diese ist daher nur durch eine entsprechende Verzerrung zu erreichen, die jedoch für die Anwendung der Darstellung äußerst unzweckmäßig ist. Wegen dieser entscheidenden Nachteile ist es vorzuziehen, die relativen Gehalte der Eckelemente nach der herkömmlichen Art in Prozenten anzugeben. In diesem Falle ist aber bei der Anwendung der Darstellung auf ternäre Legierungen zu berücksichtigen, daß deren Gehalte an den Eckelementen immer auf 100 Atome dieser Elemente umzurechnen sind.

Diese am Beispiel der Randsysteme abgeleiteten Verhältnisse sind grundsätzlich auch auf das Vierstoffsystem Fe—Cr—Mo/W—C zu übertragen, wenn hierfür ebenfalls die Annahme gemacht wird, daß sich in den Eisenmischkristallen immer die gleichen Konzentrationsverhältnisse der Legierungskomponenten zum Kohlenstoff einstellen wie in den betreffenden Gleichgewichtskarbiden. Beim Vierstoffsystem ergibt sich aber zum Unterschied von einem Dreistoffsystem durch die Zentralprojektion keine Gerade, sondern eine Fläche, da die Zahl der Komponenten bzw. Dimensionen um eins erhöht ist. Die Projektionsfläche ist die Konzentrationsebene der Legierungskomponenten und des Kohlenstoffs oder eine dazu parallele Ebene. Die Abbildung der sich an den Eisenmischkristallraum anschließenden Zwei- und Mehrphasenräume entspricht der Projektion der Konzentrationsflächen der betreffenden Karbidphasen und zeigt somit keine Überschneidungen in den Existenzbereichen. Der α-Raum füllt in der Projektion die gesamte Fläche aus; auf seine Wiedergabe kann auch hier verzichtet werden. Wegen der im vorhergehenden gekennzeichneten Verschiebung der Phasenräume zu niedrigeren Konzentrationsverhältnissen der Legierungskomponenten zum Kohlenstoff muß selbstverständlich auch in diesem Falle mit gewissen Einschränkungen in der Übereinstimmung zwischen den Phasengleichgewichten der Cr—Mo—W-Stähle und der idealisierten Darstellung gerechnet werden.

Bei der Darstellung der isothermischen Phasengleichgewichte in einer gleichseitigen Konzentrationspyramide ergibt sich als Projektionsfläche ein gleichseitiges Dreieck mit den Eckelementen Cr—Mo/W—C, entsprechend der Skizze auf der linken Seite der Abb. 51. Hier ist das Koordinatensystem für das Verhältnis der Konzentrationen an diesen Elementen nur durch die als Beispiel eingezeichnete Ebene für ein bestimmtes Cr:(Mo+W)-Verhältnis angedeutet. Die verschiedenen Ebenen schneiden die Projektionsfläche mit von 60 bis 90° wechselnden Neigungen in Linien – den Koordinaten – die immer durch die Ecke des dritten Elementes gehen, in dem Beispiel durch die des Kohlenstoffs auf der Fe—C-Seite. Aus dieser strahligen Anordnung der Koordinaten und ihren zugleich ungleichmäßigen Abständen ergibt sich jedoch eine sehr unübersichtliche Teilung, so daß diese Art der Konzentrationsangabe für die Darstellung wenig geeignet

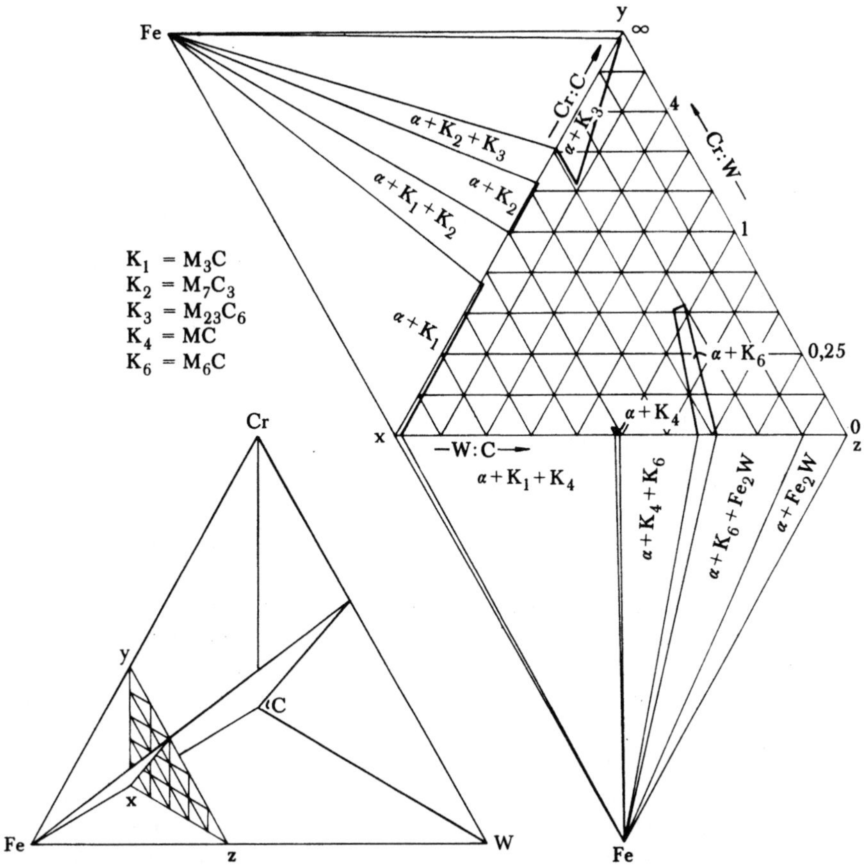

Abb. 51 Teildiagramm der Gleichgewichte in der Eisenecke des Systems Fe—Cr—Mo/W—C bei 700° C in der Zentralprojektion, abgeleitet aus den idealisierten ternären Randsystemen und aus der Löslichkeit der Karbidphasen

ist. Deshalb ist in die Projektionsfläche (Abb. 51) das gebräuchliche Koordinatennetz eingezeichnet, das sich – gleichbedeutend mit dem ersteren – auf die relativen Gehalte der Eckelemente in Prozenten bezieht. Dementsprechend entsteht dieses Netz durch die Zentralprojektion von Konzentrationsebenen, die sich im Gegensatz zu der üblichen Darstellungsweise in der Eisenecke schneiden und somit zu der Projektionsfläche unter wechselnden Winkeln zwischen 60 und 90° geneigt sind. In dieser Hinsicht unterscheidet sich auch die Bildfläche grundsätzlich von einem Konzentrationsschnitt des isothermischen Raummodells. Dieser gilt nur für einen bestimmten Eisengehalt, die Projektionsfläche dagegen für beliebige Gehalte im Konzentrationsbereich der abgebildeten Phasenräume. Wie schon bei den Dreistoffsystemen hervorgehoben wurde, ist dieser Unterschied bei der Anwendung der Darstellung auf die Stähle dadurch zu berücksichtigen, daß deren Gehalte an den Eckelementen immer auf 100 Atome dieser Elemente zu beziehen sind.

Das gleiche Projektionsverfahren wurde bereits in Abb. 3 angewendet, um von der Legierungssystematik der technischen Cr—Mo—W-Stähle aus den betrachteten vier Werkstoffgruppen [104–107] eine Übersicht zu gewinnen. Somit sind die beiden Darstellungen direkt aufeinander zu beziehen, so daß es möglich sein wird, die in den Stählen zu erwartenden Gleichgewichtskarbide unmittelbar abzulesen.

Über die Phasengleichgewichte der Vierstoffsysteme Fe—Cr—Mo—C und Fe—Cr—W—C liegen bisher noch keine vollständigen und genauen Angaben vor. Für das letzte System wurde von H. J. Goldschmidt [93] ein nur schematisches Modell für Raumtemperatur entworfen. Für die vorgesehene Konstruktion einer idealisierten Projektion der Zwei- und Mehrphasenräume, die sich unmittelbar an den Einphasenraum des Eisenmischkristalls anschließen, können daher nur die ternären Randysteme [78, 123, 124] als bekannt vorausgesetzt werden. Ergänzend dazu liegen aus dem Schrifttum noch Angaben über die Löslichkeiten der Karbidphasen vor, die nach einer Zusammenstellung von K. Kuo [96] in Tab. 18 wiedergegeben sind. Aus diesen Unterlagen lassen sich jedoch nur die Projektionen der idealisierten Zweiphasenräume ableiten, die sich unmittelbar an die Randsysteme anschließen. Die dazwischen angeordneten Dreiphasenräume liegen nur in ihrer Begrenzung auf den Dreiecksseiten fest. Dieser erste Teilschritt wird auf der rechten Seite der Abb. 51 wiedergegeben. Zur Veranschaulichung der Zusammenhänge sind die in Betracht kommenden Teildiagramme der Randsysteme in der oben beschriebenen, idealisierten Form (Abb. 49 und 50) in die Projektionsebene umgeklappt.

Um dieses Teildiagramm durch die weiteren Phasenräume zu ergänzen, müssen geeignet zusammengesetzte Legierungen im Konzentrationsbereich der Cr—Mo—W-Stähle durch langzeitige Glühungen in den stabilen Zustand gebracht und die Karbidphasen bestimmt werden. Als Unterlagen wurden außer den eigenen Versuchsergebnissen (Tab. 17) Strukturbestimmungen von K. Kuo [95, 96] an 22 systematisch ausgewählten Cr—Mo—W-Stählen herangezogen. Die chemische Zusammensetzung und die nachgewiesenen Karbidphasen dieser Stähle sind in Tab. 19 wiedergegeben. Die Stähle 1–15 sind teils in die Gruppe der Kaltarbeitsstähle und teils in die der Warmarbeitsstähle einzuordnen. Die Stähle 16 bis 22 sind dagegen Schnellarbeitsstähle. Damit sind die wichtigsten Gruppen der technischen Cr—Mo—W-Stähle berücksichtigt. Bei allen Stählen treten nach Tab. 19 wie bei den eigenen Versuchswerkstoffen (Tab. 17) als Gleichgewichtsphasen die Karbide $M_{23}C_6$ und M_6C entweder gemeinsam oder einzeln auf. Für vier Schnellarbeitsstähle (Nr. 16 und 20–22) wurden auch M_7C_3-Karbide nachgewiesen. Bei ausreichenden Vanadingehalten liegen noch zusätzlich Vanadinkarbide vor. In diesen Ergebnissen drückt sich die bekannte Tatsache aus, daß im Vierstoffsystem gegenüber den ternären Randsystemen keine neuen Karbidstrukturen auftreten.

Wegen dieser wesentlich vereinfachenden Tatsache läßt sich das entwickelte Teildiagramm (Abb. 51) auf Grund der nachgewiesenen Gleichgewichtskarbide (Tab. 17 und 19) bei Einhaltung der Phasenregel durch die in Abb. 52 ergänzten Phasenräume vervollständigen. Zur Erläuterung der Darstellung sind die ver-

Tab. 18 Löslichkeitsbereiche der Karbidphasen im Vierstoffsystem Fe—W—Cr—C (nach K. Kuo [96])

Binäre und ternäre Systeme		Quaternäres System Fe—W—Cr—C			
System	Karbidphase	Karbidtyp	Löslichkeitsbereich in Gew.-% für		
			Wolfram	Chrom	Eisen
Fe—C	Fe_3C	M_3C	0– 1	0–18	...
W—C	W_2C	M_2C	...	0–45	< 5
	WC	MC	...	gering	gering
Fe—W—C	Fe_3W_3C	M_6C	60–70	0–10	25–35
	$Fe_{21}W_2C_6$				
Cr—W—C	$Cr_{21}W_2C_6$	$M_{23}C_6$	0–20	0–95	0–85
Cr—C	$Cr_{23}C_6$				
	Cr_7C_3	M_7C_3	gering	...	20–50

wendeten Versuchsstähle entsprechend ihren relativen Gehalten an den Eckelementen in das Konzentrationsdreieck eingetragen und dabei zugleich nach den aufgetretenen Karbidphasen durch verschiedenartige Zeichen unterschieden. Wie daraus hervorgeht, sind die Stähle über einen sehr weiten Konzentrationsbereich verteilt, so daß hierdurch die nach ihrer Ausdehnung und zentralen Lage wesentlichen Phasenräume des Vierstoffsystems bestimmt werden konnten.

Alle Stähle mit einem (Mo+W):C-Verhältnis zwischen rd. 0,2 und 0,4 zeigen auch bei niedrigen Chromgehalten das $M_{23}C_6$-Karbid (Tab. 17 und 19). Die nach den eigenen Versuchen zu vermutende Stabilisierung des metastabilen, ternären Doppelkarbids $Fe_{21}(Mo/W)_2C_6$ wird hiernach bestätigt. Diese stabilisierende Wirkung des Chroms ist für den Zementit seit langem bekannt. Sie kommt auch darin zum Ausdruck, daß die Karbidreaktionen durch Chrom verzögert werden [95].

Der Existenzbereich des $M_{23}C_6$-Karbids ist auf Grund dessen in Abb. 52 über den des binären Chromsonderkarbids (Abb. 51) hinaus bis zu sehr niedrigen Chromgehalten erweitert. Dies wird auch von H. J. Goldschmidt [93] in seinem schematischen Raummodell dargestellt. Unter dieser Voraussetzung ist aber der Anschluß an den Zweiphasenraum $\alpha + M_7C_3(K_2)$ nur dann nach den Gesetzen der Phasenregel durchzuführen, wenn zwischen der binären (K_3) und ternären (K_3') Form des $M_{23}C_6$-Karbides trotz der gleichen Struktur eine Mischungslücke angenommen wird. Dementsprechend ist der betreffende Bereich in die beiden Zweiphasenräume $\alpha + K_3$ und $\alpha + K_3'$ sowie den dazwischenliegenden Dreiphasenraum $\alpha + K_3 + K_3'$ aufgeteilt. Diese Notwendigkeit einer Mischungslücke zwischen isomorphen Phasen kann bedeuten, daß bei den betreffenden Versuchswerkstoffen trotz der langen Glühzeiten bis zu 500 h noch kein stabiles Gleichgewicht, sondern erst ein sehr beständiger metastabiler Zustand erreicht wurde.

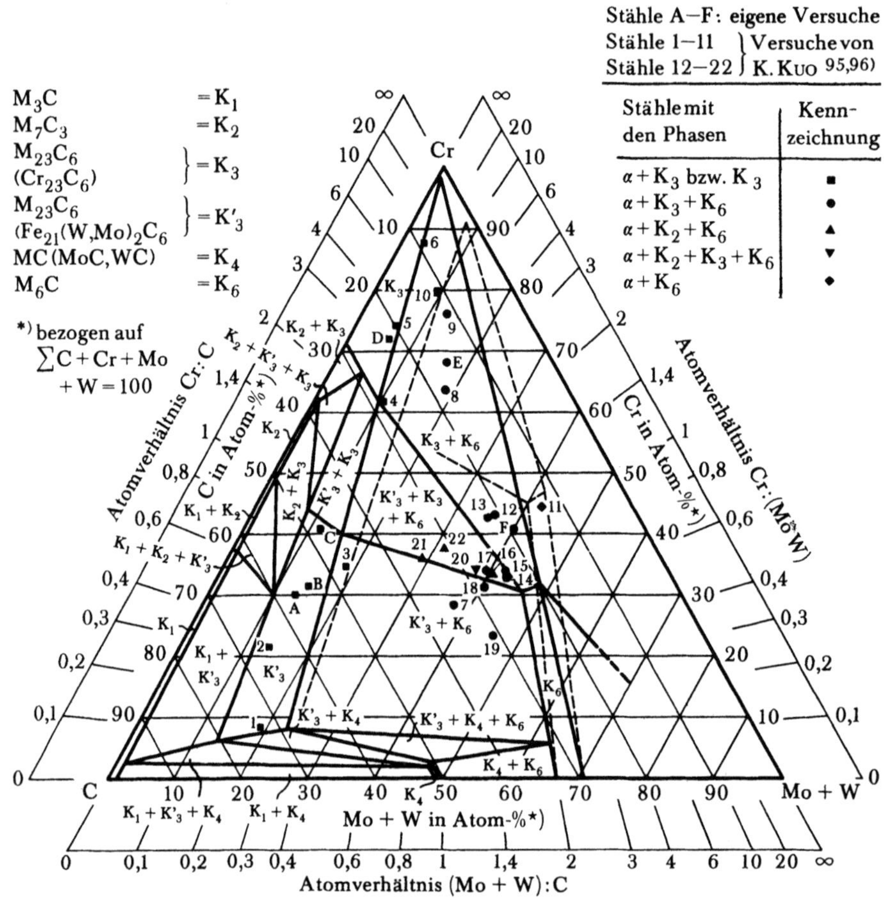

Abb. 52 Gleichgewichte in der Eisenecke des Systems Fe—Cr—Mo/W—C bei 700° C in der Zentralprojektion, entwickelt aus dem Teildiagramm in Abb. 51 und aus den Gleichgewichtszuständen von Cr—Mo—W-Legierungen (in allen Phasenfeldern tritt zusätzlich α-Eisen auf)

Die Stähle mit einem (Mo + W) : C-Verhältnis von 0,5 und darüber bilden größtenteils die Karbidphasen $M_{23}C_6$ und M_6C (Tab. 17 und 19). Demnach ist für diesen Konzentrationsbereich die direkte Verbindung zwischen den angrenzenden Phasenräumen dieser beiden Karbidstrukturen entsprechend Abb. 52 die bestmögliche Lösung. Es ergibt sich daraus ein ausgedehntes, die Bildmitte beherrschendes Feld, in dem beide Karbidstrukturen nebeneinander beständig sind. Wegen der Mischungslücke zwischen dem binären und ternären $M_{23}C_6$-Karbid zerfällt aber dieses Feld in die beiden Dreiphasenräume $\alpha + K_3 + K_6$ und $\alpha + K_3' + K_6$ sowie den Vierphasenraum $\alpha + K_3 + K_3' + K_6$.

Die übrigen Phasenräume des Vierstoffsystems, die sich den oben beschriebenen unmittelbar anschließen, sind aus der gleichzeitig gegebenen Verbindung mit den Phasenräumen der Randsysteme abzuleiten. Durch das Fehlen von weiteren Ver-

Tab. 19 Chemische Zusammensetzung und Gleichgewichtskarbide von Cr—Mo—W-*Stählen* (nach K. Kuo)

Stähle 1–11: J. Iron Steel Inst. 185 (1957), S. 297–303, Tab. 1 [96]
Stähle 12–22: J. Iron Steel Inst. 174 (1953), S. 223–228, Tab. 1 [95]

Stahl Nr.	Chemische Zusammensetzung in Gew.-%						Chemische Zusammensetzung in Atom-%[1]				Atomverhältnisse			Gleichgewichtskarbide nach		
	C	Co	Cr	Mo	V	W	C	Cr	Mo	W	Cr:C	(Mo+W):C	Cr:(Mo+W)	K. Kuo [95, 96]	Abb. 52	Abb. 53
1	1,30	–	0,60	–	–	5,10	73,0	8,1	–	18,9	0,11	0,26	0,42	$M_{23}C_6$	$M_{23}C_6$	
2	1,28	–	1,82	–	0,18	4,10	65,0	21,4	–	13,6	0,33	0,21	1,57	$M_{23}C_6$	$M_{23}C_6$	
3	0,45	–	1,44	0,30	0,20	2,18	47,0	34,7	3,5	14,8	0,74	0,40	1,85	$M_{23}C_6$	$M_{23}C_6$; M_6C	$M_{23}C_6$
4	0,34	–	3,25	0,18	0,08	1,58	27,9	61,7	1,9	8,5	2,21	0,37	5,95	$M_{23}C_6$	$M_{23}C_6$; M_6C	$M_{23}C_6$
5	0,31	–	5,00	–	–	1,35	19,9	74,4	–	5,7	3,72	0,28	13,16	$M_{23}C_6$	$M_{23}C_6$	
6	0,27	–	11,60	–	–	1,58	8,9	87,7	–	3,4	9,91	0,38	25,93	$M_{23}C_6$	$M_{32}C_6$; M_6C	$M_{23}C_6$
7	0,32	–	1,15	–	–	5,30	34,3	28,5	–	37,2	0,83	1,08	0,77	$M_{23}C_6$; M_6C	$M_{23}C_6$; M_6C	
8	0,34	–	5,23	–	–	5,42	17,9	63,5	–	18,6	3,56	1,04	3,41	$M_{23}C_6$; M_6C	$M_{23}C_6$; M_6C	
9	0,30	–	8,72	–	–	5,12	11,4	76,0	–	12,6	6,71	1,11	6,03	$M_{23}C_6$; M_6C	$M_{23}C_6$; M_6C	
10	0,40	–	12,60	–	–	5,30	10,9	79,6	–	9,5	7,27	0,87	8,41	$M_{23}C_6$	$M_{23}C_6$; M_6C	$M_{23}C_6$
11	0,32	–	4,61	–	0,08	15,40	13,4	44,5	–	42,1	3,33	3,15	1,06	M_6C	n. b.	M_6C
12	0,33	–	2,95	–	0,16	8,75	20,8	43,1	–	36,1	2,06	1,73	1,19	M_6C; $M_{23}C_6$	M_6C; $M_{23}C_6$	
13	0,36	3,20	3,04	–	0,20	8,83	22,0	42,8	–	35,2	1,95	1,60	1,22	M_6C; $M_{23}C_6$	M_6C; $M_{23}C_6$	
14	0,44	–	2,60	6,20	–	–	24,2	33,1	42,7	–	1,37	1,77	0,77	M_6C; $M_{23}C_6$	M_6C; $M_{23}C_6$	
15	0,43	2,90	2,60	6,10	–	–	24,0	33,5	42,5	–	1,40	1,78	0,79	M_6C; $M_{23}C_6$	M_6C; $M_{23}C_6$	
16[2]	0,78	–	4,32	–	1,22	18,40	26,2	33,5	–	40,3	1,28	1,54	0,83	M_6C; M_7C_3	M_6C; $M_{23}C_6$	
17[2]	0,80	5,12	4,42	–	1,50	18,20	26,6	33,9	–	39,5	1,28	1,49	0,86	M_6C; $M_{23}C_6$	M_6C; $M_{23}C_6$	
18[2]	0,86	9,87	4,10	–	1,83	18,80	28,4	31,2	–	40,4	1,10	1,43	0,77	M_6C; $M_{23}C_6$	M_6C; $M_{23}C_6$	
19[2]	0,84	–	2,70	9,30	1,90	1,00	31,2	23,2	43,2	2,4	0,74	1,47	0,51	M_6C; $M_{23}C_6$	M_6C; $M_{23}C_6$	
20[2]	0,80	–	4,20	4,90	2,16	7,00	28,2	34,2	21,6	16,0	1,21	1,34	0,91	M_6C; $M_{23}C_6$; M_7C_3	M_6C; $M_{23}C_6$	
21[2]	0,93	–	4,12	2,00	2,03	7,90	35,1	35,9	9,5	19,5	1,02	0,83	1,24	M_6C; M_7C_3	M_6C; $M_{23}C_6$	
22[2]	0,81	–	4,25	–	2,61	12,60	31,0	37,5	–	31,5	1,21	1,02	1,19	M_6C; M_7C_3	M_6C; $M_{23}C_6$	

[1] Bezogen auf C + Cr + Mo + W = 100.
[2] Stähle 16–22 enthalten zusätzlich VC-Karbide.
n. b. = nicht bestimmt

suchsunterlagen können allerdings die Grenzen größtenteils nicht ganz eindeutig festgelegt werden.

Die Phasengleichgewichte, die aus dieser Darstellung abzuleiten sind, stimmen für 19 der 28 untersuchten Schmelzen, d. h. nahezu 70% mit den nachgewiesenen Strukturen überein (Tab. 17 und 19). Diese bereits sehr befriedigende Lösung läßt sich aber noch verbessern, wenn die zuvor gekennzeichnete Verschiebung der Phasenräume durch eine zweckentsprechende Anpassung ihrer Grenzen an die Ergebnisse der Strukturbestimmungen ausgeglichen wird. Diese Maßnahme ist im Grunde gleichbedeutend damit, daß für die Projektion der Phasenräume an Stelle der Konzentrationsflächen der in Betracht kommenden Karbidphasen ein geeigneter Konzentrationsschnitt verwendet wird. In diesem Sinne sind die in Abb. 52 gestrichelt angedeuteten Grenzen für die Phasenräume der Karbide $M_{23}C_6$ und M_6C darauf ausgerichtet, die Stähle 3, 4, 6, 10 und 11 entsprechend den Strukturbefunden (Tab. 19) noch in diese Phasenräume einzubeziehen. In Abb. 53 sind die Phasenfelder so eingezeichnet, wie sie sich nach dieser Verschiebung ergeben. Diese Darstellung sagt für 24 der eingezeichneten 28 Stähle, d. h. für mehr als 85% die auftretenden Phasen richtig voraus.

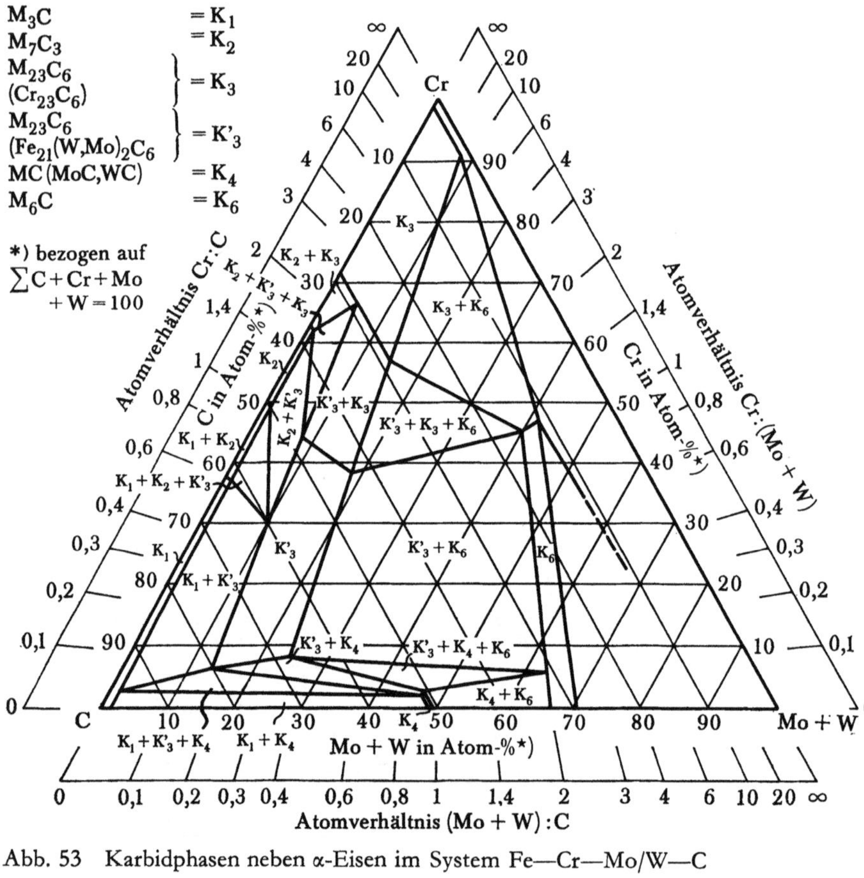

Abb. 53 Karbidphasen neben α-Eisen im System Fe—Cr—Mo/W—C

Für die restlichen vier von K. Kuo [95] untersuchten Schnellarbeitsstähle 16, 20, 21 und 22 (Tab. 19) läßt sich jedoch auch auf diese Weise keine Übereinstimmung herstellen, da das nachgewiesene Zusammentreffen von M_6C- und M_7C_3-Karbiden nicht mit der anderweitig beobachteten Existenz des ternären Fe—Mo/W-Karbides der Struktur $M_{23}C_6$ (K_3') bis zu sehr niedrigen Chromgehalten zu vereinbaren ist. Zur Erklärung dieses Widerspruches ist auf das Ergebnis beim Stahl X 38 CrMoV 5 1 sowie die damit übereinstimmenden Beobachtungen von K. Kuo [96] an Cr—W-Stählen hinzuweisen, daß beim Anlassen die Karbide M_7C_3 und M_6C als sehr beständige Phasen entstehen können, obwohl im Gleichgewichtszustand nur das $M_{23}C_6$-Karbid auftritt. Nach einer isothermischen Umwandlung in der Perlitstufe ließ sich dieser Zustand zum Unterschied vom Anlassen schon nach verhältnismäßig kurzen Zeiten erreichen [96]. Dieses verschiedene Verhalten wurde einmal auf die Unterschiede in den Reaktionswegen zurückgeführt. Zum anderen wurde in Betracht gezogen, daß die beim Anlassen gebildeten Phasengemenge dem Gleichgewichtszustand energetisch schon sehr nahe sind und dementsprechend nur eine geringe Triebkraft zur Einstellung dieses Zustandes besteht. Die Ergebnisse an den vier Schnellarbeitsstählen [95] sind sehr wahrscheinlich ebenfalls auf diese Weise zu deuten, da sowohl für die eigenen Versuchswerkstoffe (Tab. 17) als auch für die von K. Kuo [95, 96] untersuchten Legierungen, insbesondere auch für ähnlich zusammengesetzte Schnellarbeitsstähle (Tab. 19) die Phasenzustände nach den angewendeten Glühzeiten bis zu 500 h am besten durch das in Abb. 53 wiedergegebene Diagramm zu beschreiben sind.

Die Anwendung dieser Darstellung auf die Übersicht von der Legierungssystematik der technischen Stähle in Abb. 3 zeigt, daß die Schnellarbeitsstähle alle in den Phasenräumen vorkommen, in denen die Karbide M_6C (K_6) und $M_{23}C_6$ (K_3 und K_3') nebeneinander auftreten. Auch die Warmarbeitsstähle und warmfesten Baustähle liegen teilweise in diesem Bereich, teilweise aber auch in dem des $M_{23}C_6$-Karbids. Die Kaltarbeitsstähle sind fast ausschließlich auf die sich nach links zur Cr—C-Seite anschließenden Phasenräume verteilt, die zwar nach den auftretenden Phasen, nicht aber nach den Grenzen eindeutig festgelegt sind. Somit sind für die vier Stahlgruppen nach langzeitigem Glühen in der Hauptsache die folgenden Karbide als stabile oder metastabile Phasen neben dem α-Eisenmischkristall zu erwarten:

1. für Schnellarbeitsstähle: überwiegend M_6C-Karbide neben $M_{23}C_6$-Karbiden;
2. für Warmarbeitsstähle und warmfeste Baustähle: überwiegend $M_{23}C_6$-Karbide, teilweise neben M_6C-Karbiden;
3. für Kaltarbeitsstähle: $M_{23}C_6$-Karbide neben M_3C- oder M_7C_3-Karbiden; vereinzelt auch neben beiden Karbiden.

In Stählen, die zusätzlich mit Elementen der IV. oder V. Gruppe legiert sind, treten bei Gehalten, die in den übrigen Phasen nicht löslich sind, noch die betreffenden kubischen Sonderkarbide auf, so z. B. bei vanadinlegierten Stählen das VC-Karbid.

Neben der Struktur der Karbide ist auch deren Verteilung und Menge von wesentlichem Einfluß auf die Eigenschaften der Stähle, z. B. die Verschleißfestigkeit, Zähigkeit und Überhitzungsempfindlichkeit. Deshalb ist nicht außer acht zu lassen, daß die einzelnen Stahlgruppen bzw. -sorten entsprechend den Unterschieden in der Zusammensetzung – vor allem im C-Gehalt – sehr verschiedene Karbidmengen enthalten. Dies läßt sich aber durch das angewendete Projektionsverfahren nicht wiedergeben, sondern nur durch das isothermische, räumliche Modell des Systems Fe—Cr—Mo/W—C mit den Konoden zwischen den im Gleichgewicht stehenden Phasen. Diese Zusammenhänge sind jedoch noch nicht bekannt.

Zum Legierungsaufbau der Stähle ergibt sich aus der Anwendung der Abb. 53 auf die betreffende Abb. 3, daß die Grenzen in den Mo- und W-Gehalten im Verhältnis zu den übrigen Elementen durch die Bildung des schwer löslichen WC-Karbides und der versprödenden Fe—Mo- bzw. Fe—W-Verbindungen bedingt sind. Hierbei ist für die Stähle mit VC-Karbiden in Abb. 3 zu beachten, daß die Punkte zu höheren (Mo+W):C-Werten zu verschieben sind. Ein Teil des Kohlenstoffs ist im VC-Karbid abgebunden und daher nicht in dieses Verhältnis einzubeziehen, wie in Abb. 3 vereinfachend angenommen ist, da die Karbidmengen nicht bekannt sind. Damit wegen der Abbindung von Kohlenstoff im VC-Karbid der kritische (Mo+W):C-Wert von etwa 2,5 für die Bildung der Fe—Mo/W-Verbindungen nicht überschritten wird, können für vanadinhaltige Stähle niedrigere Mo- bzw. W-Gehalte oder höhere C-Gehalte notwendig sein als für ähnlich legierte, vanadinfreie Stähle. Dies ist z. B. bei den hochvanadinhaltigen Schnellstählen mit ein Grund für die hohen C-Gehalte.

Die Projektionsschaubilder von den Phasengleichgewichten der Cr—Mo—W-Stähle (Abb. 53) und von deren Legierungsaufbau (Abb. 3) sind nach den Aussagemöglichkeiten, die an den vorstehenden Anwendungsbeispielen gezeigt werden, ein wertvolles Hilfsmittel für die Beurteilung der Möglichkeiten und Grenzen in der Weiterentwicklung dieser Werkstoffe.

8. Darstellung der Phasenzustände nach Umwandlung in der Perlitstufe und nach technischen Anlaßbehandlungen

Die instabilen Phasenzustände nach einer Umwandlung in der Perlitstufe und nach einer Vergütung sind als betriebsmäßige Behandlungszustände von besonderer technischer Bedeutung. Deshalb wurde versucht, auch diese instabilen Zustände für die vier Stahlgruppen auf Grund der eigenen Ergebnisse und von verschiedenen Angaben in der Literatur nach dem gleichen Darstellungsverfahren wie in Abb. 52 bzw. 53 übersichtlich und zusammenfassend zu beschreiben. Für diese Zustände konnte jedoch keine befriedigende Lösung gefunden werden.

Hierfür gibt es verschiedene Gründe. Wesentlich erscheinen vor allem die eingangs ausführlich beschriebenen Unterschiede im Mechanismus und in der Kinetik bei der Bildung und Umwandlung der Sonderkarbide des Chroms einerseits und des Molybdäns bzw. Wolframs andererseits. Hinzu kommt der Einfluß der Gehalte an Legierungselementen und an Kohlenstoff bzw. deren Verhältnisse auf diese Vorgänge. Außerdem führt die Zeitabhängigkeit in der Bildung und Umwandlung der Karbidbestandteile zu einer größeren Anzahl von Phasen als nach der Phasenregel zulässig ist, so daß sie nicht auf die Darstellung anzuwenden ist. Aus diesen Gründen können die instabilen Zwischenzustände nur für eng begrenzte Konzentrationsbereiche übersichtlich dargestellt und nicht in einer Abbildung zusammengefaßt werden. Wegen der sehr unterschiedlichen Zusammensetzung der Werkstoffe in den vier Gruppen ist somit eine Vielzahl von Darstellungen zur Beschreibung der instabilen Phasenzustände notwendig, die dem Ziel der Vereinfachung nicht entspricht.

9. Zusammenfassung

Bei den Warmarbeitsstählen und warmfesten Baustählen entstehen bei einer Umwandlung in der Perlitstufe sehr verschiedenartige Gefüge, die insbesondere von der lamellaren Phasenanordnung des Perlits abweichen können. Dies ist auf die Bildung von Sonderkarbiden zurückzuführen und somit eine Auswirkung der Legierungszusätze an Chrom, Molybdän, Wolfram und Vanadin. Hierfür werden an vier Warmarbeitsstählen und einem warmfesten Baustahl charakteristische Beispiele gezeigt.
Durch die Auswahl der Stähle nach der Gefügeausbildung wird von deren chemischen Zusammensetzung – beschrieben durch das Atomverhältnis der Gehalte an den Legierungselementen und an Kohlenstoff – zugleich ein Konzentrationsbereich eingeschlossen, der nicht nur für die warmfesten Werkstoffgruppen maßgebend ist, sondern der auch die Schnellarbeitsstähle und teilweise noch die Kaltarbeitsstähle erfaßt. Hierin prägt sich die enge Beziehung zwischen der Legierungsgrundlage der Stähle und den sich bildenden Gefügen aus.
Die Gefügeerscheinungen werden auf ihren Zusammenhang mit dem Ausgangs- und Austenitisierungszustand, mit dem Mechanismus der Umwandlung in der Perlitstufe, mit der Wachstumsform, Struktur und Zusammensetzung der gebildeten Karbidphasen und mit dem Gleichgewichtszustand untersucht. Die Versuchsbedingungen sind den technisch gebräuchlichen so weit angeglichen, daß die Ergebnisse auf die betriebsmäßigen Behandlungszustände anzuwenden sind.
Die vier Warmarbeitsstähle sind bei C-Gehalten zwischen rd. 0,3 und 0,6% übereutektoidisch, da der betreffende Grenzwert gegenüber dem im System Fe—Fe_3C durch die Legierungszusätze erniedrigt ist. Der warmfeste Baustahl ist dagegen bei einem C-Gehalt von nur etwa 0,1% untereutektoidisch.

In den weichgeglühten bzw. hochvergüteten Ausgangszuständen treten die Karbidbestandteile durch Kristallseigerungen in mehr oder weniger stark ausgeprägten zeiligen Anhäufungen auf. Sie sind teilweise instabil. Die Ausgangszustände weichen demnach schon wesentlich vom Gleichgewicht ab. Dies hat auf die Ergebnisse der sich anschließenden Wärmebehandlungen unter den technisch gegebenen Voraussetzungen einen nachhaltigen Einfluß.

Bei der Austenitisierung sind die Bedingungen darauf abgestimmt, daß bei den untereutektoidischen warmfesten Baustählen eine vollständige Auflösung der Karbide erreicht wird, bei den Warmarbeitsstählen dagegen zweckentsprechende Mengen ungelöst bleiben. Diese Mengen – dem Ausgangszustand entsprechend in Zeilen angereichert – sind nach den üblichen Haltezeiten in der Regel größer als im Gleichgewicht. Sie können auch noch davon abweichende Phasen enthalten. Dabei kann es sich einmal um Reste der bereits im Ausgangszustand instabilen Karbide handeln. Zum anderen können Karbide erst durch die Austenitisierung instabil werden, wenn die Stähle im Konzentrationsbereich einer Vierphasenebene liegen, und die hier stattfindenden eutektoidischen oder peritektoidischen Umwandlungen nur unvollständig ablaufen. Besonders der letzte Fall wird näher untersucht und dabei festgestellt, daß neben der Auflösung von Karbiden neue, dem Gleichgewicht entsprechende ausgeschieden werden.

Die durch die Auflösung der Karbidteilchen im Austenit örtlich entstehenden Konzentrationsunterschiede werden in den zur Verfügung stehenden Zeiten nicht vollkommen ausgeglichen. Dies gilt wegen der Unvollständigkeit der Auflösung besonders für die übereutektoidischen Stähle. Die so verbleibenden Konzentrationsunterschiede überlagern sich den Inhomogenitäten, die auf die seigerungsbedingte Karbidzeiligkeit im Ausgangszustand zurückgehen. Daraus können sich bei den übereutektoidischen Stählen sehr starke Konzentrationsgefälle entwickeln, die dann besonders deutlich in einem stufenweisen Ablauf der Martensitbildung in Erscheinung treten.

Demnach liegen auch nach der technischen Austenitisierung Abweichungen vom Gleichgewicht vor, die teilweise im Ausgangszustand begründet sind. Bei einer sich anschließenden Umwandlung in der Perlitstufe ist daher nicht zu erwarten, daß der erreichbare Zustand in jeder Hinsicht dem Gleichgewicht genügt.

Die voreutektoidischen Teilreaktionen gehen auch bei diesen mehrfach legierten Stählen von den Austenitkorngrenzen aus. Bei den untersuchten, übereutektoidischen Warmarbeitsstählen werden nur Sonderkarbide nachgewiesen, soweit eine Strukturbestimmung möglich war. Durch die unvollständige Auflösung der Karbide kann jedoch deren voreutektoidische Ausscheidung unterdrückt werden und in kritischen Fällen sogar eine Ferritbildung eintreten. Bei dem untereutektoidischen, warmfesten Baustahl unterscheidet sich der Ferrit von dem anderer Stahlsorten durch eine tertiäre Ausscheidung von kleinen Mo_2C-Mischkristallen. Sie sind rosettenförmig bei heterogener oder nadelig bei homogener Keimbildung. Mit dem Beginn der Ausscheidungen an den Grenzflächen Ferrit–Austenit wird die Umwandlungsgeschwindigkeit durch eine im Gefüge erkennbare Wachstumsbehinderung herabgesetzt.

Bei den eutektoidischen Zerfallsvorgängen entstehen bei allen Versuchswerkstoffen nur binäre oder ternäre Sonderkarbid-Eutektoide. Als Karbidbestandteile werden die Phasen M_7C_3, $M_{23}C_6$, M_6C, Mo_2C, W_2C, VC und M_3C nachgewiesen. Die Wachstumsform dieser Karbide bestimmt naturgemäß die Ausbildung der eutektoidischen Phasengemenge. Die $M_{23}C_6$-Karbide und höchstwahrscheinlich auch die M_7C_3-Karbide haben eine den Zementitlamellen ähnliche Gestalt. Phasengemenge mit diesen Karbiden zeigen dementsprechend eine dem lamellaren Perlit sehr verwandte Anordnung. Zum Unterschied davon haben die Eutektoide der übrigen Sonderkarbide ein nichtlamellares Gefüge. Die VC-Karbide treten hauptsächlich als lange, sehr dünne Fäden oder Bänder auf, daneben manchmal als Plättchen. Diese faden- und bandartige Ausbildung kommt sehr häufig auch bei den binären Molybdän- und Wolfram-Karbiden M_2C vor. Außerdem erscheinen sie als Stäbchen. Für das M_6C-Karbid wurden nur körnige Formen beobachtet. Es ist ein gemeinsames Merkmal dieser Phasen, daß sie wesentlich feiner sind als die lamellenförmigen Karbide. Mit dem Lichtmikroskop sind deshalb die betreffenden eutektoidischen Gefüge häufig nicht aufzulösen, und dann vom Ferrit nur durch eine gelbliche bis bräunliche Ätzfärbung zu unterscheiden. Bei den fadenförmigen Karbiden ist im Gefüge manchmal eine feine Längsstreifung erkennbar. Die Einzelheiten des Aufbaus dieser Eutektoide sind nur mit dem Elektronenmikroskop sichtbar zu machen.

An der Bildung der Sonderkarbid-Eutektoide können auch mehrere, meist zwei Karbidphasen beteiligt sein. Wenn in diesen ternären Eutektoiden die groben, lamellenförmigen Karbidphasen mit den feiner ausgebildeten zusammen auftreten, geben sie naturgemäß dem Gefüge das Gepräge. Die feinen Kriställchen sind – nur elektronenoptisch nachweisbar – im Ferrit ausgeschieden.

Die Versuchswerkstoffe enthalten bei Legierungszusätzen an Vanadin immer das VC-Eutektoid. Das Auftreten der übrigen Sonderkarbid-Eutektoide hängt dagegen von der Höhe der Gehalte an Chrom und Molybdän bzw. Wolfram ab. Somit können die Unterschiede in der Gefügeausbildung der Stähle grundsätzlich auf deren Gehalte an diesen Elementen zurückgeführt werden.

Bei den untersuchten fünf Beispielen treten nur bei dem legierungsreichsten Warmarbeitsstahl ausschließlich nichtlamellare Gefüge auf. In den übrigen Fällen werden beide Gefügearten nebeneinander gebildet. Davon sind die drei Warmarbeitsstähle mit Vanadin legiert und zeigen somit als nichtlamellares Gefüge das VC-Eutektoid. Sie unterscheiden sich aber dadurch, daß dieses Eutektoid bei den beiden legierungsärmeren Stählen vor und bei dem legierungsreicheren Stahl nach dem lamellaren Eutektoid entsteht.

Nach dem Gleichgewicht sollte das zuerst gebildete Eutektoid binär und das zweite durch die zusätzliche Ausscheidung einer anderen Karbidphase ternär sein. Nach den untersuchten Beispielen sind sie aber meistenteils beide binär und nur in einer schmalen Übergangszone werden die jeweiligen Karbide nebeneinander ausgeschieden. Es ist zu vermuten, daß diese Abweichungen vom Gleichgewicht durch die unter den technischen Bedingungen unvermeidlichen Inhomogenitäten im Austenit hervorgerufen werden.

Auch die auftretenden Karbide entsprechen unter diesen Voraussetzungen noch nicht alle dem Gleichgewicht. Die betreffenden Phasen treten zwar bereits in Erscheinung; zusätzlich liegen jedoch noch andere vor, die sich bei einer anschließenden Glühung allmählich zugunsten der Gleichgewichtskarbide auflösen. Diese instabilen Phasen können einmal Zerfallsprodukte des Austenits sein, deren Struktur möglicherweise noch von der Umwandlungstemperatur abhängig ist, wie entsprechende Untersuchungen an dem warmfesten Baustahl gezeigt haben. Zum anderen kann es sich um Phasen handeln, die bei der Austenitisierung nicht gelöst wurden. Dieser Fall wird jedoch nur bei der Legierung mit der peritektoidischen Umsetzung festgestellt: die nach der Umwandlung instabile Phase entspricht hier dem Gleichgewichtskarbid des austenitischen Zustandes. Offensichtlich wird bei der Unterkühlung des Austenitzerfalls bis in die Perlitstufe der Umweg über die peritektoidische Umsetzung vermieden. Entweder bilden sich die in diesem Temperaturbereich beständigen Karbide unmittelbar oder sie entstehen über Zwischenphasen. Das bedeutet, daß die bei der Austenitisierung ungelösten oder neu gebildeten Karbide nicht auch grundsätzlich in der Perlitstufe ausgeschieden bzw. neben dem Ferrit beständig sein müssen.
Durch die Umwandlung der instabilen Phasen zugunsten der Gleichgewichtskarbide ändert sich im allgemeinen die Gesamtanalyse der Karbidbestandteile. Dies gilt zunächst vor allem für das Atomverhältnis der metallischen Elemente zum Kohlenstoff. Wenn an der Umwandlung zwei oder mehr Phasen mit unterschiedlichen Metall-Kohlenstoff-Verhältnissen beteiligt sind, können sich jedoch die Änderungen in der Gesamtanalyse gegenseitig mehr oder weniger aufheben.
In der Regel ist mit diesen Vorgängen auch eine Verschiebung im Verhältnis der Legierungsbestandteile zum Eisen verbunden. Es ist aber dabei nicht grundsätzlich mit einer Anreicherung der sonderkarbidbildenden Legierungselemente in den Karbiden auf Kosten des Eisens zu rechnen. Wenn sich legierungsreiche Phasen zugunsten der eisenreichen $M_{23}C_6$- und M_6C-Mischkristalle auflösen, tritt auch der umgekehrte Fall ein.
Mit dem Metall-Kohlenstoff-Atomverhältnis in der Karbidanalyse ändert sich im allgemeinen im gleichen Sinne auch die gewichtsmäßige Karbidmenge. Diese ist aber zugleich auch entscheidend vom Atomgewicht der betreffenden metallischen Bestandteile abhängig. Wenn sich diese – wie oben gekennzeichnet – in ihrem Konzentrationsverhältnis verschieben, kann daher trotz Zunahme des Atomverhältniswertes aus der Summe der Metalle zum Kohlenstoff das Karbidgewicht unverändert bleiben oder sogar abnehmen.
In diesen Zusammenhängen kommt zum Ausdruck, daß die Karbidmenge, bezogen auf Gewichtsprozente, nicht allein vom Kohlenstoffgehalt des Stahles abhängt. Entscheidend ist auch das Metall-Kohlenstoff-Verhältnis in den vorliegenden Phasen sowie das Atomgewicht ihrer metallischen Bestandteile. Auf Grund dessen enthält unter den Versuchswerkstoffen ein Stahl mit 0,3% C das gleiche Gewicht an Karbiden wie ein Stahl mit 0,6% C.
Die Wachstumsform der Karbide hängt sehr entscheidend von den Bildungsbedingungen ab und kann durch Einformungsvorgänge völlig verändert werden. Unter bestimmten Verhältnissen bevorzugte Formen treffen immer auf mehrere

Phasen zu. Die Wachstumsform der Karbide ist somit kein eindeutiges Merkmal für ihre Struktur; sie kann aber die Zahl der Möglichkeiten einschränken.
Die zur Einstellung des Gleichgewichtes erforderlichen Zeiten sind bei den unterschiedlich legierten Versuchsstählen sehr verschieden lang. Dies hängt mit dem jeweiligen Reaktionsweg zusammen, der außer durch die Stahlzusammensetzung auch durch die Höhe der Behandlungstemperatur und das Wärmebehandlungsverfahren maßgeblich bestimmt wird. So führt das Glühen nach Umwandeln in der Perlitstufe – vermutlich wegen der bereits teilweise gebildeten Phasen des Gleichgewichts – im allgemeinen früher zu diesem Zustand als das Anlassen nach Abschrecken von der Austenitisierungstemperatur. Die lange Beständigkeit bestimmter, beim Anlassen ausgeschiedener, instabiler Karbide läßt darauf schließen, daß diese dem Gleichgewichtszustand energetisch sehr nahe sind. Somit ist die Beständigkeit der Phasen nicht unbedingt ein Zeichen dafür, daß der Gleichgewichtszustand schon erreicht ist. Hierfür ist auch die strukturelle Übereinstimmung der auftretenden Karbide mit denen des Gleichgewichtes kein vollständiger Nachweis, da noch Änderungen im Mengenverhältnis und in der Zusammensetzung möglich sind.
Nach den langzeitigen Wärmebehandlungen zur Ermittlung der Gleichgewichtskarbide zeigt sich wie nach den Umwandlungen in der Perlitstufe, daß die hauptsächlichen Unterschiede in den auftretenden Phasen vor allem durch die wechselnden Gehalte an Chrom, Molybdän und Wolfram hervorgerufen werden. Das Vanadin bildet wie die anderen Elemente aus der IV. und V. Gruppe des periodischen Systems bei ausreichenden Gehalten das ihm eigene kubische Karbid vom NaCl-Typ. Wenn dementsprechend deren Bildung als gegeben vorausgesetzt wird, lassen sich die Phasengleichgewichte der legierten Werkzeugstähle und warmfesten Baustähle auf die im System Fe—Cr—Mo—W—C zurückführen. Dieses kann wie ein Vierstoffsystem behandelt werden, weil Molybdän und Wolfram wegen der Isomorphie ihrer Karbide als Summe berücksichtigt werden können. Von diesen vereinfachenden Voraussetzungen ausgehend wird eine allgemeingültige und zugleich anschauliche Darstellung von den Phasengleichgewichten der genannten Stähle im Existenzbereich des α-Eisens entwickelt.
In Übereinstimmung mit anderen Arbeiten wird nachgewiesen, daß im System Fe—Cr—Mo/W—C gegenüber den ternären Randsystemen keine neuen Karbidphasen auftreten. Die Strukturen der Karbide zeigen in ihren Atomverhältniswerten der Legierungsbestandteile zum Kohlenstoff eine sehr enge Beziehung zu den entsprechenden Werten aus den Gehalten der betreffenden Elemente im Stahl.
Nach dieser auch von anderer Seite gefundenen Beziehung können die Konoden in den Phasenräumen des isothermischen Raummodells, die sich an den des α-Eisens anschließen, näherungsweise durch ein konstantes Metall–Kohlenstoff-Verhältnis beschrieben werden. Sie schneiden sich dann in der Eisenecke und können demzufolge als Projektionsstrahlen mit der Eisenecke als Zentrum aufgefaßt werden. Auf Grund dessen lassen sich die Zwei- und Mehrphasenräume im Existenzbereich des α-Eisens durch eine Zentralprojektion in dem Konzentrationsdreieck der Legierungskomponenten und des Kohlenstoffs als Flächen abbilden, ohne daß sie sich wie beim Realdiagramm überschneiden. Sie entsprechen

unter den näherungsweisen Voraussetzungen den Projektionen der Konzentrationsflächen der betreffenden Karbidphasen im isothermischen Raummodell.
Die Phasengleichgewichte des Vierstoffsystems Fe—Cr—Mo/W—C sind noch nicht vollständig untersucht. Daher wird nach der beschriebenen Darstellungsweise zunächst ein noch sehr unvollständiges Teildiagramm entwickelt, das sich auf die in Betracht kommenden Phasengleichgewichte der bekannten ternären Randsysteme und auf die Schrifttumsangaben über die Löslichkeiten der betreffenden Karbidphasen stützt (Abb. 51). Hiervon ausgehend werden die sich zum Innern des Vierstoffsystems anschließenden Gleichgewichte und die Projektionen der betreffenden Räume aus den Ergebnissen an den eigenen und anderweitig untersuchten Cr—Mo—W-Legierungen unter Berücksichtigung der Phasenregel abgeleitet (Abb. 52 und 53). Diese insgesamt 28 Legierungen sind nach ihrer chemischen Zusammensetzung so ausgewählt, daß sie über den betreffenden Konzentrationsbereich des Projektionsdreiecks – vornehmlich im Gebiet der technischen Stähle – in geeigneter Weise verteilt sind.
Für die Phasengleichgewichte des Vierstoffsystems ist von weittragender Bedeutung, daß das metastabile, ternäre Fe—Mo/W-Karbid $M_{23}C_6$ sowohl nach den eigenen als auch nach den anderweitigen Ergebnissen durch Chrom stabilisiert wird. Auf Grund dessen ist der Existenzbereich der $M_{23}C_6$-Phase über den des isomorphen, binären Chrommischkarbids hinaus bis zu sehr niedrigen Chromgehalten erweitert. Zwischen dem so erweiterten Feld des $M_{23}C_6$-Karbids und dem des ternären M_6C-Karbids ist die direkte Verbindung durch den Phasenraum $\alpha + M_{23}C_6 + M_6C$ als die naheliegendste Lösung anzusehen. Sie wird durch die überwiegende Zahl der Strukturbefunde bestätigt. In der Projektion schließt dieser Phasenraum – etwa in der Mitte des Konzentrationsdreiecks gelegen – über ein Drittel von dessen Gesamtfläche ein. Zusammen mit den angrenzenden Phasenräumen, in denen das $M_{23}C_6$- oder das M_6C-Karbid jeweils allein neben dem α-Eisen beständig ist, ergibt sich in der Projektion ein Feld, das mehr als die Hälfte des Konzentrationsdreiecks ausfüllt. Somit sind diese beiden Phasen die in dem System weitaus vorherrschenden Karbide. Die Gleichgewichte, die sie neben dem α-Eisen mit den anderen Karbiden bilden, ergeben sich daraus, daß sie unmittelbar zu denen des Teildiagramms überleiten, das aus den ternären Randsystemen erstellt wurde.
Die so im Sinne einer Zentralprojektion entwickelte Darstellung gibt die neben dem α-Eisen stabilen Chrom- und Molybdän–Wolfram-Karbide für 24 der 28 ausgewählten Legierungen in Übereinstimmung mit den Untersuchungsergebnissen wieder. Für die restlichen vier Schnellarbeitsstahl-Schmelzen kann wegen des Auftretens von M_7C_3-Karbiden vermutet werden, daß der Gleichgewichtszustand noch nicht vollständig erreicht ist.
Hiernach ist die Darstellung als eine äußerst befriedigende Lösung dafür anzusehen, die Phasengleichgewichte der legierten Werkzeugstähle und warmfesten Baustähle im System Fe—Cr—Mo/W—C durch eine zusammenfassende, ebene Abbildung an Stelle eines komplizierten isothermischen Raumschaubildes oder mehrerer, daraus entnommener Konzentrationsschnitte einfach und übersichtlich zu beschreiben.

Zur Anwendung der Darstellung auf die legierten Werkzeugstähle und warmfesten Baustähle werden diese entsprechend ihren Atomprozentgehalten an Chrom-, Molybdän + Wolfram und Kohlenstoff nach dem gleichen Projektionsverfahren in dem Konzentrationsdreieck dieser Elemente dargestellt (Abb. 3). Daraus geht hervor, daß Stähle mit einem Gehalt an Mo + W von über 45 Atom-%, bezogen auf die Summe der Eckelemente, technisch nicht hergestellt werden. Das Atomverhältnis (Mo+W):C ist kleiner als 2 und das Verhältnis Cr:(Mo+W) mit wenigen Ausnahmen größer als 0,7.
In dem so begrenzten Konzentrationsfeld der technischen Stähle sind die Gehalte an Mo + W bei den Kaltarbeitsstählen mit Werten von größtenteils weniger als 10 Atom-% am niedrigsten, und die der Schnellarbeitsstähle mit Werten bis zu rd. 45 Atom-% am höchsten. Die warmfesten Bau- und Werkzeugstähle verteilen sich auf dem Bereich zwischen diesen Grenzen. Die Chromgehalte sind sowohl bei den Kaltarbeitsstählen als auch bei den warmfesten Stählen zwischen 1 und 65% bzw. 20 und 80 Atom-% stark wechselnd, während die der Schnellarbeitsstähle zwischen 30 und 40 Atom-% nur wenig verändert sind und etwa den Gehalten an Mo + W entsprechen.
Wenn die Konzentrationsverhältnisse der Stähle in das Projektionsschaubild der Phasengleichgewichte übertragen werden, ergeben sich als stabile Phasen neben α-Eisen und möglicherweise VC-Karbiden bei Schnellarbeitsstählen die Karbide M_6C und $M_{23}C_6$. Dies gilt auch für einen Teil der Warmarbeitsstähle und warmfesten Baustähle, für den anderen ist jedoch nur das $M_{23}C_6$-Karbid zu erwarten. Die Kaltarbeitsstähle verteilen sich dagegen fast ausschließlich auf die Phasenfelder, in denen die Karbide $M_{23}C_6$, M_7C_3 und M_3C stabil sind. Somit sind die Werkstoffgruppen der verschiedenen Verwendungsgebiete entsprechend ihren Konzentrationsverhältnissen auf ganz bestimmte Phasenräume begrenzt. Durch das angewendete Darstellungsverfahren kann nicht wiedergegeben werden, daß die einzelnen Werkstoffe sich wegen der Unterschiede in der Zusammensetzung – vor allem im Kohlenstoff – im Mengenverhältnis der Karbidphasen zum Eisenmischkristall unterscheiden. Dies ist aber für die Gebrauchseigenschaften in den technischen Behandlungszuständen nicht außer acht zu lassen, da durch die Menge und Verteilung der Karbide die Verschleißfestigkeit und Zähigkeit der Stähle sowie ihre Überhitzungsempfindlichkeit beeinflußt werden.
Die Zuordnung der verschiedenen Werkstoffgruppen zu bestimmten Konzentrations- bzw. Phasenbereichen des Projektionsschaubildes hat sich nicht durch Zufall, sondern aus der Notwendigkeit der Praxis entwickelt, die erforderlichen Gebrauchseigenschaften mit einem möglichst geringen Kostenaufwand einzustellen. Von den Kaltarbeitsstählen wird vor allem ein hoher Verschleißwiderstand, eine gute Zähigkeit und eine durch die Beanspruchungsverhältnisse und Abmessungen gegebene Härtbarkeit verlangt. Diese Forderungen können – abgesehen von einem Mindestgehalt an Kohlenstoff – von den hier betrachteten Legierungsbestandteilen am wirtschaftlichsten durch das preisgünstigste Chrom als Zusatzelement erfüllt werden. Von den thermisch beanspruchten Werkstoffen wird zusätzlich gefordert, daß sie anlaßbeständig und warmfest sind. Damit werden besondere Bedingungen an die Art und Verteilung der Karbidphasen und an die Zusammensetzung

der Grundmasse gestellt. Diese können nicht ohne Zusätze der preislich ungünstigeren Elemente Molybdän und Wolfram eingehalten werden. Die gekennzeichneten Grenzen in der Höhe dieser Zusätze im Verhältnis zu den übrigen Elementen sind nicht nur durch die Wirtschaftlichkeit, sondern auch durch die Bildung des sehr schwer löslichen WC-Karbides oder versprödender intermetallischer Phasen gegeben. Damit bei vanadinkarbidhaltigen Stählen die kritische Grenze für die Bildung der versprödenden Verbindungen wegen der Abbindung von Kohlenstoff im VC-Karbid nicht überschritten wird, können höhere C-Gehalte oder auch niedrigere Mo- bzw. W-Gehalte notwendig sein als bei vanadinkarbidfreien Stählen. Ein Beispiel hierfür sind die hochvanadinhaltigen Schnellarbeitsstähle mit erhöhten Kohlenstoffgehalten.
Nach diesen verschiedenen Erkenntnissen werden die Möglichkeiten und Grenzen in der Entwicklung technischer Stähle in dem Projektionsschaubild der Phasengleichgewichte übersichtlich und aufschlußreich dargestellt.

10. Literaturverzeichnis

[1] »Atlas zur Wärmebehandlung der Stähle«, hrsg. vom Max-Planck-Institut für Eisenforschung in Zusammenarbeit mit dem Werkstoffausschuß des Vereins Deutscher Eisenhüttenleute. Teil I von F. WEVER und A. ROSE; Teil II von A. ROSE, W. PETER, W. STRASSBURG und L. RADEMACHER. Düsseldorf 1954, 1956 und 1958.

[2] SCHRADER, A., A. ROSE, L. RADEMACHER und W. PITSCH, Arch. Eisenhüttenw. 28 (1957), S. 461–468.

[3] WEVER, F., und N. ENGEL, Mitt. K.W.I. Eisenforschung 12 (1930), S. 93–114.

[4] WEVER, F., und W. JELLINGHAUS, Mitt. K.W.I. Eisenforschung 14 (1932), S. 105 bis 118.

[5] JELLINGHAUS, W., Mitt. K.W.I. Eisenforschung 15 (1933), S. 15–20.

[6] LANGE, H., und H. HÄNSEL, Mitt. K.W.I. Eisenforschung 19 (1937), S. 199–208.

[7] WEVER, F., und A. ROSE, Mitt. K.W.I. Eisenforschung 19 (1937), S. 289–298.

[8] WEVER, F., und A. ROSE, Mitt. K.W.I. Eisenforschung 20 (1938), S. 55–60.

[9] WEVER, F., und A. ROSE, Mitt. K.W.I. Eisenforschung 20 (1938), S. 213–217.

[10] ROSE, A., und W. FISCHER, Mitt. K.W.I. Eisenforschung 21 (1939), S. 133–145.

[11] WEVER, F., und H. LANGE, Mitt. K.W.I. Eisenforschung 14 (1932), S. 71–83.

[12] WEVER, F., und W. JELLINGHAUS, Mitt. K.W.I. Eisenforschung 14 (1932), S. 85 bis 89.

[13] WEVER, F., und G. NAESER, Mitt. K.W.I. Eisenforschung 15 (1933), S. 37–47.

[14] WEVER, F., und W. JELLINGHAUS, Mitt. K.W.I. Eisenforschung 15 (1933), S. 167 bis 177.

[15] WEVER, F., und H. LANGE, Mitt. K.W.I. Eisenforschung 15 (1933), S. 179–185.

[16] LANGE, H., Mitt. K.W.I. Eisenforschung 15 (1933), S. 263–269.

[17] WEVER, F., und K. HILD, Mitt. K.W.I. Eisenforschung 18 (1936), S. 43–49.

[18] WEVER, F., und H. HÄNSEL, Mitt. K.W.I. Eisenforschung 19 (1937), S. 47–56.

[19] Lange, H., und K. Mathieu, Mitt. K.W.I. Eisenforschung 20 (1938), S. 125–134.
[20] Wever, F., und H. Lange, Mitt. K.W.I. Eisenforschung 21 (1939), S. 57–64.
[21] Wever, F., und K. Mathieu, Mitt. K.W.I. Eisenforschung 22 (1940), S. 9–18.
[22] Lange, H., Mitt. K.W.I. Eisenforschung 22 (1940), S. 229–240.
[23] Davenport, E. S., und E. C. Bain, Trans. Amer. Inst. Min. Met. Eng. 90 (1930), S. 117–154.
[24] Robertson, I. M., J. Iron Steel Inst. 119 (1929), I., S. 391–425.
[25] Carpenter, H. C. H., und I. M. Robertson, J. Iron Steel Inst. 123 (1931), I., S. 345–394.
[26] Carpenter, H. C. H., und I. M. Robertson, J. Iron Steel Inst. 125 (1932), I., S. 309–338.
[27] Davenport, E. S., Trans. Amer. Soc. Metals 27 (1939), S. 837–886.
[28] Mehl, R. F., »The Physics of Hardenability« in: »Hardenability of Alloy Steels«. Symposium Amer. Soc. Met. 1938, Cleveland 1939, S. 1–65.
[29] Smith, G. V., und R. F. Mehl, Trans. Amer. Inst. Min. Met. Eng. 150 (1942), S. 210–226.
[30] Mehl, R. F., und W. C. Hagel, Progr. in Metal Physics, Bd. 6., London und New York 1956, S. 74–134.
[31] Hultgren, A., Trans. Amer. Soc. Metals 39 (1947), S. 915–1005.
[32] Hultgren, A., und Mitarbeiter, »Isothermal Transformation of Austenite and Partitioning of Alloying Elements in Low Alloy Steels«, Stockholm 1953 (Kungl. Svenska Vetenskapsakademiens Handlinger. Fjärde Ser. Bd. 4, Nr. 3).
[33] Hultgren, A., und H. Öhlin, Jernk. Ann. 144 (1960), S. 356–391.
[34] Zener, C., Metals Technology 13 (1946), Techn. Rep. 1925.
[35] Fisher, J. C., »Eutectoid Decompositions« in: »Thermodynamics in Physical Metallurgy«, Amer. Soc. Metals, Cleveland 1950, S. 201–241.
[36] Houdremont, E., und O. Krisement, Arch. Eisenhüttenw. 24 (1953), S. 53–68.
[37] Krisement, O., und F. Wever, Arch. Eisenhüttenw. 25 (1954), S. 489–498.
[38] Jellinghaus, W., und E. Houdremont, Arch. Eisenhüttenw. 25 (1954), S. 263 bis 270.
[39] Jellinghaus, W., Arch. Eisenhüttenw. 28 (1957), S. 469–481.
[40] Wever, F., und W. Koch, Arch. Eisenhüttenw. 21 (1950), S. 143–152.
[41] Wever, F., und W. Koch, Stahl und Eisen 74 (1954), S. 989–1000.
[42] Bain, E. C., Trans. Amer. Inst. Min. Met. Eng. 100 (1932), S. 13–46.
[43] Allen, N. P., L. B. Pfeil und W. T. Griffiths, Iron Steel Inst., Spec. Rep. No. 24 (1939), S. 369–390.
[44] Blanchard, J. R., R. M. Parke und A. J. Herzig, Trans. Amer. Soc. Metals 29 (1941), S. 317–338.
[45] Lyman, T., und A. R. Troiano, Trans. Amer. Inst. Min. Met. Eng. 162 (1945), S. 196–222, und Trans. Amer. Soc. Met. 37 (1946), S. 402–448.
[46] Rose, A., und H. P. Hougardy, Arch. Eisenhüttenw. 34 (1963), S. 259–267 und S. 369–376.
[47] Darken, L. S., Metals Technology 15 (1948), Techn. Rep. 2311.
[48] Seith, W., und H. Wever, Z. Elektroch. u. Phys. Chem. 55 (1951), S. 380–384.
[49] Neumann, F., H. Schenck und W. Patterson, Gießerei, techn.-wiss. Beih. (1959), S. 1217–1246. – Neumann, F., und H. Schenck, Arch. Eisenhüttenw. 30 (1959), S. 477–483. – Schenck, H., und H. Kaiser, Arch. Eisenhüttenw. 31 (1960), S. 227–235.

[50] Mehl, R. F., und D. W. Smith, Trans. Amer. Inst. Min. Met. Eng. 116 (1935), S. 330–341. – Hull, F. C., und R. F. Mehl, Trans. Amer. Soc. Met. 30 (1942), S. 381–424.
[51] Hillert, M., Jernk. Ann. 141 (1957), S. 757–789, u. Värml. Bergsmannafören. Ann. (1958).
[52] Mehl, R. F., C. S. Barrett und D. W. Smith, Trans. Amer. Inst. Min. Met. Eng. 105 (1933), S. 215–258. – Mehl, R. F., und D. W. Smith, Trans. Amer. Inst. Min. Met. Eng. 113 (1934), S. 203–210.
[53] Schrader, A., und F. Wever, Arch. Eisenhüttenw. 23 (1952), S. 489–495.
[54] Modin, S., Jernk. Ann. 135 (1951), S. 169–174, und 142 (1958), S. 37–80.
[55] Nicholson, M. E., J. Metals 6 (1954), S. 1071–1074.
[56] Rose, A., und L. Rademacher, Stahl und Eisen 77 (1957), S. 409–421.
[57] Rose, A., und W. Strassburg, Stahl und Eisen 76 (1956), S. 976–983.
[58] Rose, A., und W. Strassburg, Arch. Eisenhüttenw. 27 (1956), S. 513–520.
[59] Rose, A., H. P. Hougardy und S. Takaishi, Arch. Eisenhüttenw. 35 (1964), S. 209–220.
[60] Crafts, W., und C. M. Offenhauer, Trans. Amer. Inst. Min. Met. Eng. 150 (1942), S. 275–282.
[61] Crafts, W., und C. M. Offenhauer, Trans. Amer. Inst. Min. Met. Eng. 154 (1943), S. 361–373.
[62] Crafts, W., und J. L. Lamont, Trans. Amer. Inst. Min. Met. Eng. 185 (1949), S. 957–967.
[63] Houdremont, E., W. Koch und H. J. Wiester, Arch. Eisenhüttenw. 18 (1944/45), S. 147–154.
[64] Koch, W., und H.-J. Wiester, Stahl und Eisen 69 (1949), S. 73–79.
[65] Bowman, F. E., Trans. Amer. Soc. Met. 35 (1945), S. 112–129.
[66] Bowman, F. E., Trans. Amer. Soc. Met. 36 (1946), S. 61–80.
[67] Rose, A., und W. Peter, Stahl und Eisen 72 (1952), S. 1063–1075.
[68] Hillert, M., Jernk. Ann. 136 (1952), S. 25–37.
[69] Rudberg, E., Jernk. Ann. 136 (1952), S. 91–112.
[70] Masing, G., und R. Vogel, Handbuch der Metallphysik, Bd. II. »Die heterogenen Gleichgewichte«, Leipzig 1937.
[71] Rapatz, F., »Die Edelstähle«, Berlin 1942.
[72] »Metals Handbook«, Cleveland 1948.
[73] Houdremont, E., »Handbuch der Sonderstahlkunde«, Bd. I und II, 3. Aufl., Berlin–Göttingen–Heidelberg–Düsseldorf 1956.
[74] Hansen, M., »Constitution of Binary Alloys«, 2. Aufl., New York–Toronto–London 1958.
[75] Haughton, J. L., und A. Prince, »The Constitutional Diagrams of Alloys: A Bibliography«, 2. Aufl., London 1956.
[76] Banyard, D. R., British Iron and Steel Research Association, Rep. No. MG/A/8/46, London 1947.
[77] Goldschmidt, H. J., J. Iron Steel Inst. 160 (1948), S. 345–362.
[78] Kuo, K., J. Iron Steel Inst. 173 (1953), S. 363–375.
[79] Westgren, A., und G. Phragmén, J. Iron Steel Inst. 105 (1922), S. 241–262.
[80] Jacobson, B., und A. Westgren, Z. phys. Chem., B. 20 (1933), S. 361–367.
[81] Westgren, A., und G. Phragmén, Kungl. Svenska Vetenskapsakademiens Handlingar, Ser. 3, Bd. 2 (1926), Nr. 5, und J. Iron Steel Inst. 117 (1928), S. 383 bis 400.

[82] WESTGREN, A., Jernk. Ann. 117 (1933), S. 501–512, und Nature 132 (1933), S. 61–62.
[83] WESTGREN, A., Jernk. Ann. 119 (1935), S. 231–240.
[84] HELLBORN, K., und A. WESTGREN, Svensk Kemisk Tidskrift 7 (1933), No. 5, S. 141ff.
[85] WESTGREN, A., Kungl. Svenska Vetenskapsakademiens Handlingar, Ser. 3 (1945), Nr. 2.
[86] WESTGREN, A., und G. PHRAGMÉN, Z. anorg. Chemie 156 (1926), S. 27–36.
[87] WESTGREN, A., und G. PHRAGMÉN, Jernk. Ann. 111 (1927), S. 535–545, und Trans. Amer. Soc. Steel Treating 13 (1928), S. 539–554.
[88] WESTGREN, A., Jernk. Ann. 117 (1933), S. 1–14.
[89] HÄGG, G., Z. phys. Chem., B, 12 (1931), S. 33–56.
[90] ARKEL, A. E. VAN, Physica 4 (1924), S. 286ff.
[91] BECKER, K., und F. EBERT, Z. Phys. 31 (1925), S. 268–272.
[92] ÖHMAN, E., Jernk. Ann. 128 (1944), S. 13–16.
[93] GOLDSCHMIDT, H. J., J. Iron Steel Inst. 170 (1952), S. 189–204.
[94] KRAINER, H., Arch. Eisenhüttenw. 21 (1950), S. 33–38.
[95] KUO, K., J. Iron Steel Inst. 174 (1953), S. 223–228.
[96] KUO, K., J. Iron Steel Inst. 185 (1957), S. 297–303.
[97] SEITH, W., »Diffusion in Metallen«, 2. Aufl., Berlin–Göttingen–Heidelberg 1955.
[98] SCHRADER, A., Arch. Eisenhüttenw. 25 (1954), S. 465–474.
[99] LASHKO, N. F., und M.D.NESTEROVA, Izvestia Akademii Nauk S.S.S.R., Ser. Fiz. 15 (1951), S. 67–71.
[100] BOKSHTEYN, S. Z., Zhurnal Tekhnicheskaya Fiziki 19 (1949), S. 532–541.
[101] SHAW, S. W. K., und A. G. QUARRELL, J. Iron Steel Inst. 185 (1957), S. 10–22.
[102] SMITH, R., Pers. Mitt. nach KUO, K., Jernk. Ann. 140 (1956), S. 24–46 (insbes. S. 37–38).
[103] BAKER, R. G., und J. NUTTING, J. Iron Steel Inst. 192 (1959), S. 257–268.
[104] DIN 17155 – »Kesselbleche«.
DIN 17175 – »Nahtlose Rohre aus warmfesten Stählen«.
DIN 17240 – »Warmfeste Stähle für Schrauben und Muttern«.
DIN 17245 – »Warmfester Stahlguß«.
[105] Stahl-Eisen Werkstoffblatt 250 – 59, »Legierte Warmarbeitsstähle«.
[106] Stahl-Eisen Werkstoffblatt 200 – 59, »Legierte Kaltarbeitsstähle«.
[107] Stahl-Eisen Werkstoffblatt 320 – 59, »Schnellarbeitsstähle«.
[108] Stahl-Eisen Prüfblatt 1680 – 61, »Aufstellung von Zeit-Temperatur-Umwandlungsschaubildern für Eisenlegierungen«.
[109] BORRIES, B. VON, »Die Übermikroskopie«, Berlin 1949.
[110] KLINGER, P., und W. KOCH, »Beiträge zur metallkundlichen Analyse«, Düsseldorf 1949.
[111] BAUER, E., »Elektronenbeugung«, München 1958.
[112] REIMER, L., »Elektronenmikroskopische Untersuchungs- und Präparationsmethoden«, Berlin–Göttingen–Heidelberg 1959.
[113] FISHER, R. M., »Electron Microstructure of Steel by Extraction Replica Technique«, in: »Symposium on Techniques for Electron Metallography«, Philadelphia, Pa. 1954, Amer. Soc. Test. Mater. Spec. techn. Publ. No. 155, S. 49–64.
[114] KOCH, W., und H. MALISSA, Arch. Eisenhüttenw. 27 (1956), S. 13–24.
[115] RHODE, H., Z. wiss. Mikrosk. u. mikrosk. Techn. 62 (1955), S. 155–162.
[116] WEVER, F., A. KRISCH und H.-J. WIESTER, Arch. Eisenhüttenw. 26 (1955), S. 463 bis 474.

[117] Habraken, L., »Sur la métallographie électronique«, Liège 1953, u. Rev. Métallurg. Mém 51 (1954), S. 541–550.
[118] Rose, A., A. Wicher und H. Ketteler, Arch. Eisenhüttenw. 34 (1963), S. 617 bis 624.
[119] Pusch, R., und H.-J. Schüller, Arch. Eisenhüttenw. 29 (1958), S. 65–72.
[120] Relander, K., Acta Polytechnica Scandinavica, Ch. 34, Helsinki 1964.
[121] Kuo, K., J. Iron Steel Inst. 184 (1956), S. 258–268.
[122] Jellinghaus, W., Arch. Eisenhüttenw. 23 (1952), S. 459–470.
[123] Bungardt, K., E. Kunze und E. Horn, Arch. Eisenhüttenw. 29 (1958), S. 193 bis 203.
[124] Grosse-Wördemann, J., Diss. Univ. Münster 1957.

GPSR Compliance

The European Union's (EU) General Product Safety Regulation (GPSR) is a set of rules that requires consumer products to be safe and our obligations to ensure this.

If you have any concerns about our products, you can contact us on ProductSafety@springernature.com

In case Publisher is established outside the EU, the EU authorized representative is:

Springer Nature Customer Service Center GmbH
Europaplatz 3
69115 Heidelberg, Germany

Batch number: 10584556

Printed by Printforce, the Netherlands